15

REIHE AUTOMATISIERUNGSTECHNIK

Herausgegeben von B. Wagner und G. Schwarze

Projektierung von Regelungsanlagen

Hans Schöpflin

2., bearbeitete Auflage

VEB VERLAG TECHNIK BERLIN

In Vorbereitung für 1967

ISBN 978-3-322-97965-0   ISBN 978-3-322-98546-0 (eBook)
DOI 10.1007/978-3-322-98546-0

Lektor: *Jürgen Reichenbach*

Bestellnummer: 7/3/3945

ES 20 K 2 . DK 62-53 (083.9)

Alle Rechte vorbehalten. Copyright 1967 by Verlag Technik, Berlin
VLN 210. Dg. Nr. 370/79/67 Deutsche Demokratische Republik

Einbandgestaltung: *Kurt Beckert*

Eingetragene Schutzmarke des Warenzeichenverbandes
Regelungstechnik e. V., Berlin

Vorwort

Als Teilgebiet der Automatisierungstechnik steht die Meß-, Steuerungs- und Regelungstechnik im Mittelpunkt des Geschehens. Diese Technik kann jedoch nur wirksam werden, wenn die Produktionsanlage ein automatisierungsgerechtes Stadium erreicht hat. Dazu ist erforderlich, daß die Mechanisierungsfragen geklärt sind, Meßwerte gebildet werden können und Stellorte für Eingriffe in den Prozeß existieren. Außerdem gehören Transporteinrichtungen, Wagemaschinen und ein breites Sortiment von Spezialmaschinen genauso zur industriellen Automatisierungstechnik wie Datenverarbeitungsanlagen zur Verbesserung der Verwaltungsarbeit.

In den letzten Jahren wurde die Digitaltechnik so weit entwickelt, daß neue Formen der industriellen Automatisierung entstanden sind, die es gestatten, Meßwerte und Daten in großer Zahl zu speichern, zu verarbeiten, zu drucken und als Steuersignale zu verwenden. Unter dem Begriff der Prozeßrechentechnik bahnt sich eine neue Technik den Weg zu einer qualitativ höheren Stufe der industriellen Automatisierung.

Bei der Vielseitigkeit der Produktionsbedingungen, Anforderungen und Lösungsmöglichkeiten ist die Projektierung von Automatisierungsanlagen fast immer mit einer speziellen Untersuchung und Bemessung verbunden. Wenn die Regelungstheorie heute auch so weit entwickelt ist, daß die prinzipielle Lösung einer Aufgabe unabhängig von der Art des Objekts erfolgen kann, sofern gewisse Kennwerte vorliegen, verbleibt für die Verwirklichung immer noch ein großer Arbeitsaufwand bezüglich des Verfahrens, der Schaltung, der Anpassung, der Sicherheit und Geräteauswahl, um eine befriedigende Lösung zu erreichen.

Die Einordnung des Stoffes erfolgt nach Möglichkeit in einer dem Projektierungsablauf angemessenen Reihenfolge. Die Ermittlung und Auswertung von Übergangsfunktionen konzentriert sich dabei auf eine Methode, bei der mit einem Minimum von Streckenparametern gearbeitet wird. So werden alle regelungstechnischen Aussagen auf durch Übertragungsfaktor, Zeitkonstante und Totzeit gekennzeichnete proportionale oder integrale Strecken bezogen. Die Optimierungsbedingungen werden unter der Zielsetzung des aperiodischen Einlaufens der Regelgröße bei kürzester Ausregelzeit angegeben. Bei allen Bemessungsfragen wurde angestrebt, neben den rein technischen Vor- und Nachteilen einer Lösung auch eine wirtschaftliche Gewichtung der möglichen Varianten zu geben.

Für die wertvollen Hinweise und weitere Anregungen bei der Durchsicht des Manuskripts möchte ich an dieser Stelle den Herren Dipl.-Ing. *B. Wagner*, Dr. *G. Schwarze*, Dipl.-Ing. *R. Müller* und Ing. *H. Siehler* besonders danken.

Hans Schöpflin

Inhaltsverzeichnis

1. Voraussetzungen der Projektierung

1.1. Zielsetzung des Auftraggebers

Bevor ein Projektierungsauftrag angenommen wird, ist es notwendig, die technisch-ökonomische Zielstellung (TÖZ) des Kunden zu ergründen. Dabei ist festzustellen, welche wirtschaftliche Bedeutung das Vorhaben hat und worauf es dem Kunden im speziellen Fall ankommt. Ferner läßt sich bei einer derartigen Aussprache auch schon eine grobe Abschätzung der Realisierungsmöglichkeit, des Aufwands und des Zeitbedarfs für Projektierung, Montage und Inbetriebsetzung vornehmen. Diese Fühlungnahme mit dem künftigen Auftraggeber läßt darüber hinaus auch eine Einschätzung zu, bis zu welchem Grad bereits regelungs- und steuerungstechnische Kenntnisse und Erfahrungen vorliegen, auf die man sich bei der Projektierung stützen kann. Es ist ein wesentlicher Unterschied, ob ein Auftrag aus einem Betrieb heraus gegeben wird, in dem bereits Regelungsanlagen in Betrieb sind, wo dann häufig auch eine Automatisierungsgruppe besteht, oder ob ein Auftrag aus einem Betrieb kommt, in dem erst mit der Automatisierung begonnen werden soll. Während im ersten Fall die Vorstellungen meist sehr klar und technisch begründet sind, bestehen im zweiten Fall teilweise doch recht verschwommene und unklare Vorstellungen über die dem Stand der Technik entsprechenden Möglichkeiten. Hier ist dann zunächst eine Beratung am Platz, die mit einer Besichtigung des betreffenden Betriebs oder Werkteils verbunden werden sollte. Vor einer schwierigen Aufgabe steht der Projektant von Regelungsanlagen, wenn es sich um völlig neuartige Investitionsvorhaben handelt. In diesen Fällen liegen häufig keine genügenden Erfahrungen über das Verhalten der vorgesehenen neuen Aggregate oder der zum erstmaligen Einsatz kommenden technologischen Verfahren vor. Es ist dann eine mühsame, aber andererseits auch verantwortliche und befriedigende Aufgabe, trotzdem die notwendigen Anhaltspunkte zu erfragen, zu messen, zu berechnen oder durch Analogieschlüsse zu erhalten, um das Regelungsverfahren entwerfen zu können. Je nach dem entstehenden Risiko und der Bedeutung der Anlage ist es dabei unter Umständen angebracht, zunächst eine kleine Versuchsanlage zu entwerfen und zu erproben, bevor das endgültige Projekt bearbeitet wird.

An den Anfang dieses Abschnitts wurde die Frage nach der Zielstellung in den Vordergrund gestellt, die den Wunsch auslöste, eine Regelungsanlage vorzusehen. Diese Zielstellung bestimmt entscheidend den Lösungsweg, den zulässigen Aufwand, die erforderliche Zuverlässigkeit[1]) der Geräte und Schaltungen wie auch die gesamte Konzeption. Im Vordergrund stehen in diesem Zusammenhang immer wieder folgende Forderungen:

---

[1]) Siehe auch *Hummitzsch:* Zuverlässigkeit von Systemen [RA 28].

a) Einsparung von Arbeitskräften;

b) Qualitätsverbesserung der Produkte;

c) Schutz von Anlagen vor unzulässigen Betriebszuständen;

d) höchstmögliche Auslastung einer Anlage;

e) Erhöhung der Betriebssicherheit;

f) Entlastung der Menschen von besonderen physischen oder psychischen Einflüssen am Arbeitsplatz;

g) Verbesserung des Wirkungsgrads von Produktionsprozessen und Arbeitsvorgängen;

h) Beherrschung extrem schneller Vorgänge;

i) zentrale Überwachung und Steuerung einer Produktion;

j) automatische Erfassung und Berechnung von Werten für statistische Zwecke.

Anzustreben ist von der Projektierung her, daß neben der Hauptforderung des Kunden möglichst noch weitere der genannten Gesichtspunkte durch die Regelungsanlage erfüllt werden können.

1.2. Abschätzung der Realisierbarkeit

Bei der Untersuchung der Lösungsmöglichkeit einer gestellten Regelungsaufgabe muß sich der Projektant zunächst einen Einblick in die Technologie der künftigen Regelstrecke verschaffen. Besteht Klarheit über die Meßbarkeit der benötigten Regelgrößen, so ist danach festzustellen, durch welche Störgrößen die Regelgrößen beeinflußt werden, wo die Angriffspunkte der Störgrößen zu suchen sind und in welcher Art, periodisch, sprungförmig oder auch impulsartig, die Störgrößen wirken. Ferner ist in Betracht zu ziehen, durch welche Stellgröße man diese Störgrößen entgegenwirken kann. Dabei ist es zweckmäßig, sofern bereits eine Handregelung vorhanden ist, festzustellen, wie diese Handregelung vorgenommen wird, welche Meßgrößen vom Bedienungspersonal neben der Regelgröße noch beachtet werden und wo eine Verstellung vorgenommen wird. Bei einer derartigen Untersuchung läßt sich dann auch meist in Erfahrung bringen, ob der Stellbereich groß genug ist, ob die Anlage überhaupt über genügende Reserven verfügt, um allen Störungen entgegenwirken zu können, und wodurch gefährliche Betriebssituationen eintreten können.

Mit diesen Kenntnissen ist bereits eine Abschätzung des Lösungswegs möglich. Der Projektant wird dabei von dem ihm zur Verfügung stehenden Gerätesortiment ausgehen. In diesem Zusammenhang sind die Einflußfaktoren verlangte Genauigkeit, mögliche Hilfsenergie, Leistungsvermögen der Stelleinrichtungen und Beständigkeit der Geräte gegenüber aggressiven Medien unter anderem in Betracht zu ziehen.

Anhand des technologischen Prinzipschaltbilds der Anlage können dann die vorhandenen, möglichen oder auch zusätzlich notwendigen Meßstellen und Stellorte eingetragen werden. Darauf baut sich der erste Entwurf eines Signalflußbilds auf, das den Wirkungszusammenhang zwischen den Meßstellen, Reglern, Stelleinrichtungen, Rückführungen und sonstigen Hilfseinrichtungen darstellt. Sind die notwendigen Meßmethoden bekannt, gibt

es geeignete Meßwertwandler für die benötigten Meßgrößen, so ist auch
meist die Regelungsaufgabe zu lösen. Schwieriger oder auch unlösbar werden die Probleme, wenn keine geeigneten Betriebsmeßgeräte existieren
oder nur Labormeßgeräte für das betreffende Meßproblem vorhanden sind.
Von seiten der Regelstrecke selbst können weitere Schwierigkeiten in Erscheinung treten, die mit einem ungünstigen oder variablen Zeitverhalten,
mit einer nicht eindeutigen Zuordnung zwischen Stell- und Regelgröße,
mit einer starken Nichtlinearität oder auch mit Mehrfachstörungen im
ursächlichen Zusammenhang stehen.

Aus all diesen Komponenten läßt sich, entsprechende Erfahrung vorausgesetzt, ein Urteil darüber ableiten, ob die vom Kunden gestellten Forderungen erfüllbar sind. Stellen sich dabei unüberwindlich scheinende
Probleme ein, so bleibt immer noch die Möglichkeit einer Umstellung der
vorhandenen oder projektierten technologischen Anlage oder sogar der
Übergang auf ein anderes technologisches Verfahren, das einer Automatisierung besser zugänglich ist. Das typische Beispiel dafür ist der
Übergang von der diskontinuierlichen oder chargenweisen Produktion zur
kontinuierlich fließenden Produktion.

Auch die räumlichen Bedingungen dürfen bei diesen Untersuchungen nicht
außer acht gelassen werden. Die Unterbringung der Geräte vor Ort, in
Gebäuden oder im Freien, die Zentralisierung oder Dezentralisierung der
Bedienungs- und Überwachungsstände ist für die Geräteauswahl, den
Raumbedarf, die Kosten, die nötigen Bedienungs- und Wartungskräfte
von entscheidender Bedeutung.

Zusammenfassend ist festzustellen, daß die durchgängige Automatisierung älterer Produktionsanlagen oft auf große Schwierigkeiten stößt. Es
bleibt dort meist nur übrig, geeignete Teilprozesse mit Meß-, Steuerungs-
und Regelungsgeräten zu versehen, wobei die Tendenz besteht, den wirt-
schaftlichen Aufwand gering zu halten, indem Direktregler, Fallbügelregler oder andere unstetige Regler eingesetzt werden und auf zentrale
Warten verzichtet wird. Grundlegend anders liegen die Bedingungen für
neue Investitionsvorhaben, die, wenn sie mit einer automatisierungs-
gerechten Technologie versehen werden, auch eine umfassende Anwendung
von Meß-, Steuerungs-, Regelungs- und Auswertungsgeräten zulassen. Es
ist hier unumgänglich, daß bereits bei der technologischen Projektierung
und beim Maschinen- und Apparatebau die automatisierungstechnische
Seite berücksichtigt wird, was in genügender Breite nur möglich ist, wenn
regelungs- und steuerungstechnische Kenntnisse zum Allgemeinwissen
jedes Ingenieurs gehören.

1.3.   Ökonomische Betrachtung

Die Ingenieurtätigkeit allgemein und die Projektierung speziell enthalten
ihrem Wesen nach neben der Technik eine ökonomische Komponente.
Diese Tendenz äußert sich darin, daß angestrebt wird, bestimmte Eigenschaften eines Geräts, einer Maschine oder Anlage zu einem Maximum
und andere zu einem Minimum zu gestalten. So sollen in der Regel der
Wirkungsgrad, die Sicherheit, die Anwendbarkeit, die Einfachheit, die
Übersichtlichkeit, die Genauigkeit, die Lebensdauer und die Leistungs-
fähigkeit der Maximalbedingung genügen, währen die Kosten, das Volu-

men, das Gewicht, die Wartung u. ä. der Minimalbedingung gehorchen sollen. Diese Optimierungsfragen sind sehr schwierig zu behandeln, da die angestrebten Eigenschaften nicht voneinander isoliert behandelt werden können. Die Betonung und Verbesserung einer Eigenschaft wirkt sich häufig negativ auf andere Komponenten aus. Will man sich nicht nur auf das subjektive, auf Intuition beruhende Abwägen der Eigenschaften und ihrer Bewertungsmaßstäbe verlassen, so gibt es folgende Möglichkeiten zur annähernd objektiven Bewertung:

a) Anfertigung von zwei oder drei Varianten des Projekts durch verschiedene Bearbeiter;

b) Anfertigung von zwei Varianten des Projekts durch den gleichen Bearbeiter und Diskussion der Unterlagen vor einem geeigneten Kreis von Fachleuten;

c) Anfertigung eines Projekts nach einer mit dem Kunden abgestimmten Aufgabenstellung, in der die zu beachtenden Eigenschaften möglichst konkret festgelegt werden.

Festzustellen, ob und in welchem Umfang die in Abschn. 1.1. genannten Zielsetzungen ökonomisch gerechfertigt sind, ist in erster Linie Aufgabe des Investitionsträgers oder seines Beauftragten. Der Projektant der Automatisierungsanlage kann dabei meist nur eine beratende Funktion ausüben. Seine Hauptaufgabe liegt darin, innerhalb des ökonomisch gesetzten Limits die technischen Hilfsmittel so einzusetzen, daß eine vollkommene, dem Stand der Technik entsprechende, betriebssichere und wartungsarme BMSR-Anlage[1]) entsteht. Die Betriebssicherheit und damit der Wartungsaufwand sind im Rahmen der Wirtschaftlichkeitsuntersuchung ein entscheidender Faktor, weil die damit verbundenen Lohn-, Material- und Produktionsausfallkosten als ständige Belastung auf der Anlage ruhen.

Für die Wirtschaftlichkeitsberechnung und die Ermittlung des vertretbaren Aufwands für Zwecke der Automatisierung erscheint es angebracht, von den im Abschn. 1.1. genannten Zielsetzungen auszugehen. Je nachdem, welche Komponente im Vordergrund steht, ist die Berechnung mehr auf die Lohnkosten der einzusparenden Bedienungskräfte, die Investitionssumme der Produktionsanlage, den Produktionswert selbst oder auch auf die durch Qualitätsmängel des Produkts in folgenden Verarbeitungsstufen entstehenden Kosten aufzubauen.

2. Erarbeitung der technischen Aufgabenstellung

Die Aufgabenstellung ist die Basis für den Projektierungsvertrag und damit die Arbeitsrichtlinie für den Projektanten der BMSR-Anlage. Es ist darum notwendig, gewisse Untersuchungen vor dem Abschluß des Hauptvertrags durchzuführen. Dabei fallen Arbeiten bei beiden Vertragspartnern an, weil die Ausarbeitung einer guten Aufgabenstellung nur in Gemeinschaftsarbeit möglich ist. Einerseits sind dem künftigen Betreiber die

---

[1]) BMSR ist die Abkürzung für Betriebs-Meß-, Steuerungs- und Regelungstechnik.

bestehenden technischen Möglichkeiten darzulegen, andererseits muß sich
der Projektant dagegen sichern, überspitzte oder unlösbare Forderungen
gestellt zu bekommen, die, wenn erst einmal im Vertrag enthalten, später
zu unfruchtbaren Auseinandersetzungen führen können. In den folgenden
Abschnitten wird auf die mitunter recht umfangreichen Untersuchungen
zur Fixierung der Aufgabenstellung näher eingegangen. Die anzuwenden-
den Arbeitsmethoden hängen dabei allerdings davon ab, ob es sich um
Rekonstruktionsmaßnahmen an einer bestehenden Anlage, um Neubauten
ohne vergleichbare Vorbilder oder auch um ein Produktionsverfahren
handelt, für das Vorbilder bestehen, die gewisse Analogieschlüsse zulassen.

2.1. Studium des Objekts

Bei der Vielzahl der Produktionsverfahren in allen möglichen Zweigen
einer entwickelten Volkswirtschaft ist es meist unmöglich, einen Regelungstechniker für die Projektierung zu finden, der ein versierter Fachmann
für die speziell gerade zu bearbeitende Aufgabe ist. Es sollte zwar angestrebt
werden, daß eine gewisse Spezialisierung der Projektierungsingenieure für
BMSR-Einrichtungen erreicht wird, jedoch entbindet auch dies nicht von
einem eingehenden Studium des zur Bearbeitung stehenden Gesamt-
projekts.

Die Einarbeitung in das Produktionsverfahren beginnt zweckmäßig anhand des technologischen Prinzipschaltbilds der Anlage. Dabei ist wichtig,
sich die notwendigen Kenntnisse nicht nur im Selbststudium mittels einer
Beschreibung zu verschaffen, sondern einen geeigneten Gesprächspartner
zu finden. Das kann entweder der Projektant der technologischen Anlage,
der technische Leiter oder der Betriebsingenieur einer bestehenden Anlage
sein. Wenn der Betrieb bereits eine Betriebskontrollabteilung, eine Meß-
oder Regelungsgruppe hat, ist es immer sehr wertvoll, auch Mitarbeiter
dieses Bereichs in die Beratung mit einzubeziehen.

Der Beratung über das Produktionsprinzip, die besonderen Eigenschaften
des Verfahrens und die wesentlichen meß- und regelungstechnischen Notwendigkeiten sollte unbedingt eine eingehende Besichtigung der Anlage
selbst oder eines ähnlichen Werkes folgen, um die prinzipielle Vorstellung
abzurunden und einen konkreten Eindruck von den Umweltbedingungen,
den Dimensionen und räumlichen Verhältnissen zu erlangen. Dabei spielen
bei der späteren Projektierung besonders diese Umweltbedingungen für
die zur Verwendung kommenden Geräte eine ausschlaggebende Rolle.
Worauf ist dabei besonders zu achten ?

a) Betriebsklimatische Verhältnisse (Innenraumanlage — Freiluftanlage);

b) Extremwerte von Raumtemperatur und Feuchtigkeit;

c) Einwirkungen von Gasen, Stäuben und Dämpfen;

d) Aggressivität und Explosionsneigung der eingesetzten Medien;

e) Entfernungen zwischen der Anlage und den Bedienungsständen bzw.
   der Warte;

f) Aufbau der zentral unterzubringenden Geräte und Hilfseinrichtungen
   in vorhandenen oder vorgesehenen Räumen;

g) zur Verfügung stehende Hilfsenergiequellen (Druckluft, Elektroenergie) sowie deren Belastbarkeit, Zuverlässigkeit und Qualität;

h) Mechanisierungsgrad der Anlage;

i) Art der Produktionsweise (kontinuierlich, in Chargen oder als Stückgutfertigung);

j) Arbeitsrhythmus (ein- oder mehrschichtig).

Die Feststellung dieser und anderer wichtiger Produktionsbedingungen ist unumgänglich. Auch wenn keine Besichtigung möglich ist, weil es sich vielleicht um eine noch im Projektierungsstadium befindliche Anlage handelt, müssen diese Fragen geklärt werden. Die Projektierungsunterlagen mit Anlagenschema, Leitungsplänen, Stoff- und Energiebilanzen, Berechnungen und Annahmen, Grundrissen und Querschnittzeichnungen müssen dann das visuelle Bild ersetzen. Das ist zwar schwieriger zu übersehen, aber dafür bietet sich der Vorteil, auf die Gestaltung der Anlage vom regelungstechnischen Standpunkt aus noch Einfluß nehmen zu können.

Die Berücksichtigung regelungstechnischer Notwendigkeiten beim Entwurf von Aggregaten, Maschinen und Produktionsverfahren bezüglich Zeitverhaltens, Eingriffsmöglichkeit sowie Meßbarkeit der in Frage kommenden Regelgrößen ist von maßgebender Bedeutung für den späteren Aufwand an Automatisierungsmitteln und die erreichbaren Ergebnisse. So, wie Mathematik, Physik und Elektrotechnik zum Grundwissen jedes Ingenieurs gehören, verlangt die künftige Technik darüber hinaus auch Kenntnisse der Automatisierungstechnik in den Entwicklungs- und Projektierungsstellen der die Produktionsmittel herstellenden Industriezweige. Die heute noch übliche Methode der nachträglichen Installierung der BMSR-Geräte an einem technologischen Aggregat ist keine zweckmäßige Lösung. Eine gewisse Grundausstattung in regelungs- und steuerungstechnischer Hinsicht sollte vom Herstellerbetrieb des Aggregats mitgeliefert und garantiert werden. Die Normierung der elektrischen, pneumatischen und hydraulischen Steuersignale gestattet es dann später, Ergänzungen, Verknüpfungen und Aufschaltung von Führungsgrößen zusätzlich vorzunehmen und an die betrieblichen Erfordernisse anzupassen.

2.2. Vereinbarung der Meß- und Regelgrößen

Anhand des technologischen Prinzipschemas des zu bearbeitenden Projekts werden in Zusammenarbeit mit dem Auftraggeber die für eine Überwachung bzw. Regelung notwendigen Meßgrößen eingetragen. Bei dieser Gelegenheit sind für jede Meßstelle folgende technische Daten festzustellen und zu vermerken:

a) *physikalische Größe*, die gemessen werden soll (Temperatur, Druck, Durchfluß, Leistung, Drehzahl, pH-Wert, Leitfähigkeit, Dichte usw.);

b) *Meßbereich*, in dem die physikalische Größe überwacht werden soll;

c) *Grenzwerte*, die betrieblich auftreten können;

d) *Genauigkeitsanforderungen;*

10

e) *Nebenbedingungen*, unter denen die Messung erfolgen wird (Absolut-
druck bei Durchflußmessungen, Pulsation bei Druckmessungen, Temperatur bei Dichtemessungen usw.);

f) *Eigenschaften und Art des Mediums*, in dem die Messung erfolgen soll
(Wasser, Dampf, Schwefelsäure, Alkohol usw.);

g) *Meßprinzip*, das in Frage kommt oder vom Kunden bevorzugt wird;

h) *Einbauort des Meßfühlers*;

i) *Verwendungszweck der Meßgröße* (Anzeige, Registrierung, Zählung, Be-
triebskontrollanlage, Regelung oder Steuerung mit Anzeige oder Registrierung vor Ort, in der Warte oder an beiden Stellen);

j) *Sicherstellung des Meßwerts* (Fehlermeldung durch Grenzwertsignal
oder Aufbau von zwei voneinander unabhängigen Meßeinrichtungen).

Bei der Durchsprache der notwendigen Meßstellen erkennt der geübte
Projektant von BMSR-Anlagen bereits den Schwierigkeitsgrad der Realisierung. Auf Grund seiner Kenntnis des Gerätesortiments und der an
früheren Projekten gesammelten Erfahrungen ist er in der Lage, seinen
Einfluß geltend zu machen, um z. B. überspitzte Genauigkeitsforderungen
zu entkräften oder für die Regelung nicht geeignete Meßverfahren zu um-
gehen. Noch nicht erprobte Meß- oder Regelverfahren sollten in ein Projekt
nicht aufgenommen werden, sondern den zuständigen Industrieinstituten
zur Bearbeitung übergeben werden. Um den organischen Aufbau der Anlage, speziell der Warte, nicht zu stören, ist es unter Umständen angebracht, entsprechenden Platz vorzusehen und, wenn der Kunde es wünscht,
auch Geräte dafür zu projektieren.

2.3. Feststellung der Störgrößen und Vereinbarung der Stellgrößen

Den Störgrößen in einem zu projektierenden Regelkreis wird im allgemeinen viel zuwenig Beachtung geschenkt. Dabei sind das die Größen, die
eine Regelung überhaupt erst notwendig machen. Das liegt daran, daß die
Störgrößen häufig nicht direkt meßbar sind und auf nicht leicht überschau-
baren Wegen in die Regelstrecke gelangen, wie z. B. die Falschluft bei einer
Verbrennungsregelung. Von der Vielzahl der auftretenden Störungen sind
die meisten jedoch von untergeordneter Bedeutung, weil entweder ihr
Einfluß nur unwesentlich auf die Regelgröße einwirkt oder die Änderungsgeschwindigkeit so klein ist, daß sie für den Regelkreis keine Belastung
darstellen. Es verbleiben dann oft ein oder zwei bedeutende Störgrößen,
über deren Verhalten und Angriffspunkte an der Regelstrecke nähere Er-
mittlungen notwendig sind. Handelt es sich um die Rekonstruktion einer
älteren Anlage, so wird man durch Beobachtung des Betriebsgeschehens
und durch Befragung des Betriebspersonals sicher Aufschlüsse darüber bekommen, welche Störgrößen als beachtenswert gelten und wie diese sich
quantitativ auf die konstant zu haltende Meßgröße auswirken. Besteht
direkt oder indirek teine Möglichkeit, die gefährlichen Störgrößen vor dem
Eintritt in die Strecke zu messen, so sollte unbedingt davon Gebrauch
gemacht werden. Die Güte der Regelung läßt sich in dynamischer Hinsicht
wesentlich verbessern, wenn eine Störgrößenaufschaltung angewendet
werden kann oder die Störgrößen selbst ausgeregelt werden. Das trifft be-

sonders dann zu, wenn zwischen Angriffspunkt der Störgröße und Meßort
der Regelgröße wesentliche Verzögerungs- oder Speicherglieder auftreten.

Besteht Klarheit über die Angriffspunkte und Auswirkungen der wesentlichen Störgrößen, so ist als nächstes zu untersuchen, wie und wo Gegenwirkungen erzeugt werden können. Solche Gegenwirkungen, die in der
Lage sind, einen Störeinfluß zu kompensieren, werden Stellgrößen genannt.
Geeignete Stellgrößen müssen gewisse Bedingungen erfüllen, wenn der
beabsichtigte Zweck erreicht werden soll. Die Auswahl ist dabei oft leider
nicht sehr groß, weil die Technologie des Objekts bestimmte Stellorte und
Stellgrößen festlegt.

Auch in Hinsicht auf die Auslegung der Stelleinrichtungen sind die Störgrößen zu beachten. Handelt es sich um Festwertregelungen, bei denen
bekanntlich der Soll-Wert konstant bleibt, so ist der notwendige Stellbereich direkt durch die auf die Regelstrecke einwirkenden Störgrößen
bestimmt. Ist die gelegentliche oder ständige Verstellung des Sollwerts
notwendig, wie bei Programmregelungen oder Folgeregelungen, so wird
der notwendige Stellbereich durch den Sollwertbereich und die Ampli-
tuden der Störgrößen bestimmt.

2.4.   Übergangsfunktionen der Strecke

Zwei Wege führen zur Ermittlung der Übergangsfunktion der Strecke, der
Grundlage jeder regelungstechnischen Betrachtung in der Verfahrenstechnik: entweder die meßtechnische Aufnahme der Funktion an der vorliegenden und bereits in Betrieb befindlichen Strecke oder die Berechnung
dieser Funktion aus den technologischen Daten der Anlage.

Auf den ersten Blick scheint die praktische Messung der Übergangsfunktion ein einfacher Vorgang zu sein. Aber wie soll der Projektant an
einer bereits lange in Betrieb befindlichen Anlage die Messung ausführen?
Dazu wäre eine quantitative Messung des Stellstroms, das ist der in die
Strecke eintretende Massen- oder Energiestrom, und der künftigen Regelgröße notwendig. Die dazu erforderlichen Geräte sind im Projektierungsstadium entweder nicht vorhanden, oder der provisorische Einbau ist zu
aufwendig.

Von Sonderfällen abgesehen, wird sich der Projektant seine Information
über das Verhalten der Regelstrecke über die für den Handbetrieb der
Anlage installierten Meßinstrumente beschaffen müssen. Sofern die künftige Regelgröße registriert oder angezeigt wird, läßt sich mittels einer
möglichst sprunghaften Verstellung des Stellstroms das Zeitverhalten der
Strecke erkennen. Auch wenn der Änderungsbetrag des Stellstroms nicht
bekannt ist, kann so das Zeitverhalten ermittelt werden. Dabei ist, wenn
kein Schnellschreiber verwendet werden kann, den Anzeigeinstrumenten
wegen ihrer geringeren Reibung und besseren Ablesbarkeit der Vorzug
zu geben.

Von einer ebenen Instrumentenskale lassen sich so mit einem auf die Glas-
platte gelegten Papierstreifen, auf dem in bestimmten Zeitabständen die
Zeigerstellungen markiert werden, die Meßwerte abnehmen. Bei etwas
Übung ist es möglich, je Sekunde eine Markierung anzubringen, wenn
man sich den Takt geben läßt.

Die Aufnahme der exakten Übergangsfunktion setzt eine sprungförmige Anregung der Strecke am Stellort voraus. Leider ist es in den meisten Fällen nicht zulässig oder nicht möglich, die Stellgröße sprungartig zu verstellen. Die realisierbaren Anregungsfunktionen sind fast immer „Rampenfunktionen", weil man die integral wirkenden Stelleinrichtungen nur mit einer endlichen Geschwindigkeit bewegen kann (Bild 1). Dieser Sachverhalt hat jedoch zur Folge, daß die erhaltene Übergangsfunktion sowohl von der Rampenanstiegszeit T_y wie auch von der Rampenamplitude A_y abhängig ist. Theoretisch ist es möglich, jede durch eine definierte Anregung erhaltene Übergangsfunktion auf die „Sprung-Übergangsfunktion" umzurechnen. Zur Vermeidung dieses nicht unerheblichen Aufwands ist folgendes zu beachten:

a) Die Änderungsgeschwindigkeit A_y/T_y ist möglichst groß und die Amplitude A_y möglichst klein zu halten.

b) Wenn die Rampenanstiegszeit $T_y < 0,1\ T_\mathrm{a}$ ist, kann der Fehler vernachlässigt werden (T_a Anlaufzeit).

c) Ist $0,1\ T_\mathrm{a} < T_y < 0,3\ T_\mathrm{a}$, so erhält man die „Sprung-Übergangsfunktion" mit genügender Genauigkeit, wenn man eine Scherung der Funktion vornimmt (Bild 2).

d) Ist $T_y > 0,3\ T_\mathrm{a}$, so ist es notwendig, die erhaltene „Rampen-Übergangsfunktion" umzurechnen bzw. mittels eines Analogrechners experimentell auszuwerten und zu korrigieren.

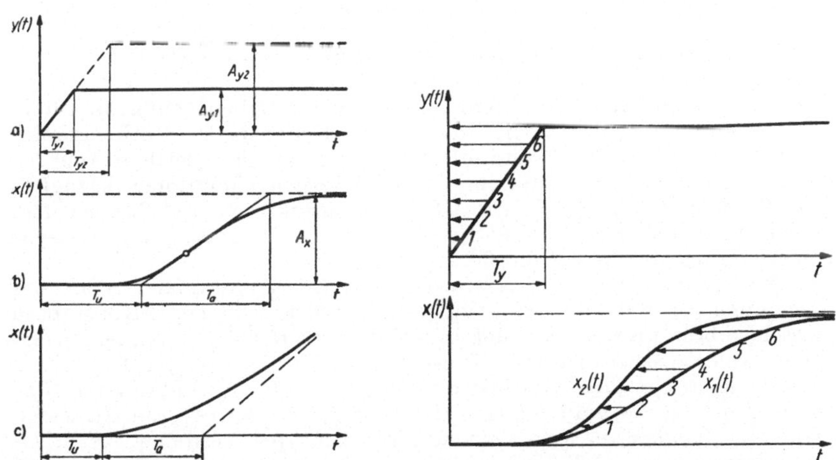

Bild 1. Abhängigkeit aufgenommener Übergangsfunktionen vom Stellsignal
a) Stellfunktion;
b) Übergangsfunktion einer Strecke mit Ausgleich;
c) Übergangsfunktion einer Strecke ohne Ausgleich

Bild 2. Korrektur einer „Rampen-Übergangsfunktion" zur „Sprung-Übergangsfunktion"
x_1 (t) aufgenommene Funktion;
x_2 (t) korrigierte Funktion

Durch *eine* Stellübergangsfunktion ist die zu untersuchende Regelstrecke
häufig nicht genügend gekennzeichnet. Es ist zweckmäßig, nach Erreichen
des Beharrungswerts dem positiven Stellsprung einen negativen folgen
zu lassen. Dabei kann festgestellt werden, ob das Zeitverhalten unabhängig
vom Vorzeichen der Stellgröße ist. Bei der Temperaturregelung von industriellen Öfen treten derartige Unterschiede häufig auf. Wenn möglich,
sollten die Übergangsfunktionen auch noch bei extremen Werten der
Hauptstörgröße aufgenommen werden, um in Erfahrung zu bringen, ob
die Strecke im zu erwartenden Arbeitsbereich als linear anzusehen ist. An
Wärmeaustauschern, wie Dampfüberhitzern und Kühlern, wird man eine
starke Abhängigkeit der Regelstreckenparameter von der Durchflußmenge
feststellen. Das betrifft in erster Linie die Zeitkonstanten der Übergangsfunktion. Die Anpassung des Reglers an derartige Strecken muß dann dem
ungünstigen Zustand Rechnung tragen. Als ungünstigster Zustand ist im
allgemeinen der zu betrachten, dessen Stellübergangsfunktion den kleinsten
Wert für das Verhältnis von Anlaufzeit T_a zur Verzugszeit T_u hat. Eine
optimale Anpassung des Reglers ist dann nur für diesen Zustand möglich.
Ausregelzeit und Regelfläche sind bei derartigen nichtlinearen Strecken
von der Störgröße abhängig. Durch Wahl einer geeigneten statischen Kennlinie der Stelleinrichtung läßt sich eine gewisse Kompension dieser Fehlanpassung erreichen, worauf später noch eingegangen wird.

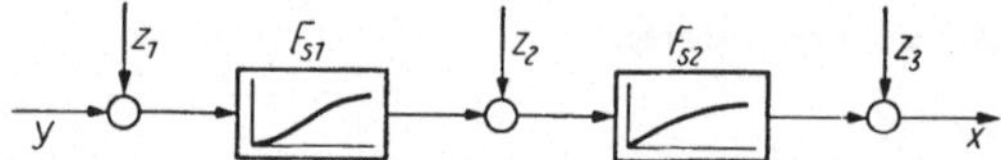

Bild 3. Die möglichen Angriffspunkte der Störgröße an einer Regelstrecke

Für die Abschätzung der erreichbaren Regelgenauigkeit genügt die Stellübergangsfunktion allein nicht. Dazu ist die Kenntnis der Störübergangsfunktion notwendig. Nur wenn die Hauptstörgröße den gleichen Angriffspunkt wie die Stellgröße hat, sind beide Übergangsfunktionen bezüglich
ihrer Zeitkonstanten gleich. Die Übertragungsfaktoren sind dagegen fast
immer unterschiedlich, weil die Störgröße häufig eine andere physikalische
Dimension hat als die Stellgröße.
Die Auswertung von aufgenommenen Übergangsfunktionen dient der
Gewinnung von typischen Konstanten der Regelstrecke. Diese Konstanten
müssen so bestimmt werden, daß es mit ihrer Hilfe möglich ist, den geeigneten Regler auszusuchen und die günstigen Einstellparameter des Reglers
zu berechnen. Um diese Optimierungsaufgabe zu lösen, sind gewisse Nor-
mierungen und Vereinfachungen notwendig, die sowohl die Streckenparameter als auch die verschiedenen Streckentypen betreffen.
Die aufgenommene Übergangsfunktion kann bezüglich ihrer Zeitkonstanten unabhängig von gewähltem Maßstab und der Dimension der Ordinate
ausgewertet werden. Für die Bestimmung des Proportionalfaktors K_S oder
des Integrationsfaktors K_{IS} ist es jedoch unbedingt notwendig, festzu-
halten, mit welcher Dimension und welcher Einheit der dazugehörige
Stellsprung ausgeführt wurde.[1] Es ist sehr wichtig, sich einzuprägen, daß

[1] In den Bänden „Grundbegriffe der Automatisierungstechnik" [RA 1] und „Regelkreise mit
I- und P-Reglern" [RA 10] von *G. Schwarze* sind diese Begriffe näher erläutert.

K_S und K_{IS} immer Verhältniswerte der Dimensionen und Einheiten der Regelgröße zur Stellgröße sind. Es hat sich als zweckmäßig herausgestellt, die Übertragungsfaktoren mit ihren wirklichen physikalischen Einheiten auszuweisen und zu verwenden und nicht mit Prozentangaben zu operieren. Dann behalten die regelungstechnischen Betrachtungen immer eine überschaubare Verbindung zur Realität, und der physikalische Inhalt der verwendeten Parameter ist außerdem erkennbar. Sich einschleichende Rechen- und Konzeptionsfehler lassen sich durch Dimensionsproben und Vergleich mit den realen Größenordnungen bei dieser Methodik leichter ausmerzen.

Im Rahmen dieses Bandes ist eine sinnvolle Beschränkung der in Betracht zu ziehenden Streckentypen erforderlich. Es hat sich für den überwiegenden Teil der Projektierungsarbeiten als ausreichend herausgestellt, die Auswertung der Übergangsfunktionen für folgende Streckentypen zu behandeln:

Glied	Übergangsfunktion	Übertragungsfkt. [1]
P	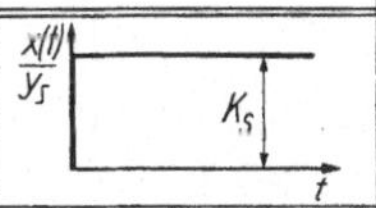	$F(p) = K_S$
PT_1	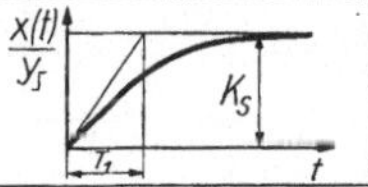	$F(p) = \dfrac{K_S}{1 + p\,T_1}$
$PT_t\,T_1$	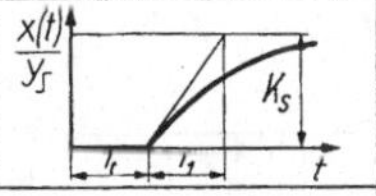	$F(p) = \dfrac{K_S \cdot e^{-p\,T_t}}{1 + p\,T_1}$
I	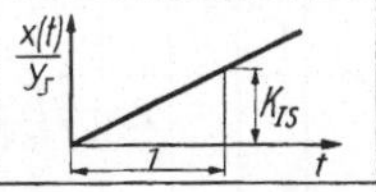	$F(p) = \dfrac{K_{IS}}{p}$
IT_1		$F(p) = \dfrac{K_{IS}}{j\omega(1 + p\,T_1)}$
IT_t	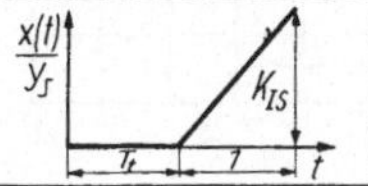	$F(p) = \dfrac{K_{IS} \cdot e^{-p\,T_t}}{p}$

Bild 4. Die wesentlichen typischen Regelstrecken

[1] Der Laplace-Operator $p = \sigma + j\omega$ kennzeichnet die Parameter Wuchsmaß σ und Frequenz ω der harmonischen Schwingung

$$x(t) = X_0\, e^{\sigma t} \sin \omega t;$$

$\sigma > 0$ anwachsende Schwingung,
$\sigma = 0$ ungedämpfte Schwingung,
$\sigma < 0$ gedämpfte Schwingung.

(Siehe auch *Lange*: Signale und Systeme, Bd. 1. Berlin: VEB Verlag Technik 1965.)

a) proportionale Strecke   P-Glied,

b) proportionale Strecke mit Verzögerung 1. Ordnung PT_1-Glied,

c) proportionale Strecke mit Verzögerung 1. Ordnung und Totzeit PT_1T_t-Glied,

d) integrale Strecke   I-Glied,

e) integrale Strecke mit Verzögerung 1. Ordnung IT_1-Glied,

f) integrale Strecke mit Totzeit IT_t-Glied.

Diese Streckentypen und die dazugehörigen idealen Sprung-Übergangsfunktionen sowie die dazugehörigen Frequenzgänge sind im Bild 4 dargestellt.

Während die Bestimmung der Streckenparameter für die P-, PT_1, IT_1- und I-Typen keine Schwierigkeiten bereitet, ist es für die PT_tT_1- und IT_tT_1-Typen ohne Hilfsmittel nur noch dann möglich, wenn diese in der dargestellten idealen Form auftreten. Die realen Übergangsfunktionen sind

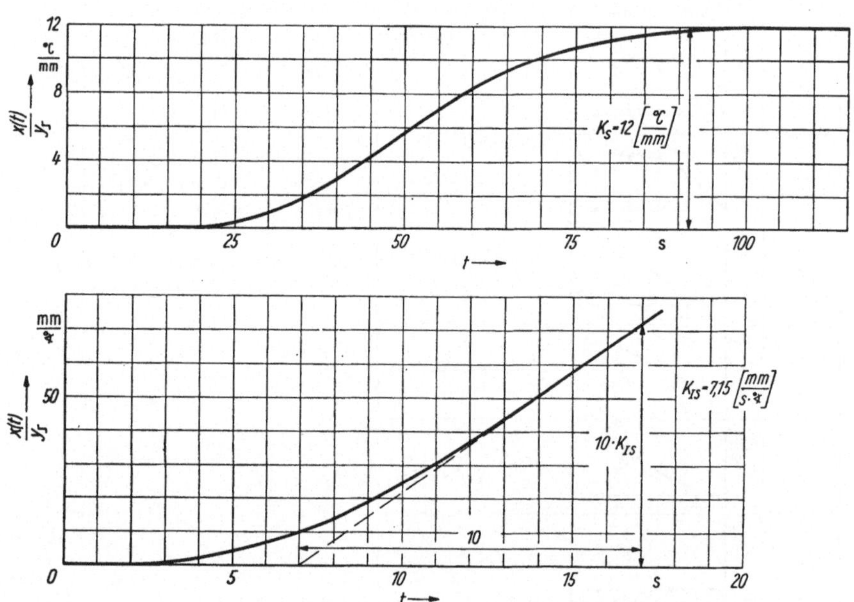

Bild 5. Zahlenmäßige Auswertung aufgenommener Übergangsfunktionen

jedoch meist so verschliffen, daß Totzeit und Zeitkonstante nicht mehr auf den ersten Blick erkennbar sind.[1]) Es besteht dann die Aufgabe, eine „Ersatztotzeit" und eine „Ersatzzeitkonstante" so zu bestimmen, daß die damit verbundene Vernachlässigung weiterer Zeitkonstanten in der Regelstrecke zulässig bleibt. Unter zulässigen Fehlern sei hier eine Toleranz von

[1]) Siehe auch *Dittmann:* Kennwertermittlung von Regelstrecken und Regelgeräten [RA 20].

$\pm 10\%$ für die Bestimmung der Reglerparameter und der Regelgenauigkeit verstanden.

Im Bild 5 sind zwei experimentell aufgenommene Übergangsfunktionen dargestellt, deren Ersatzzeitkonstanten ermittelt werden sollen.

Für die Strecke mit Ausgleich geht man so vor, daß man sich auf Transparentpapier eine Schar von e-Funktionen der Art

$$y = C\left(1 - e^{-\frac{t}{T}}\right)$$

mit T als Parameter aufzeichnet. Die Größe C ist dabei an und für sich beliebig. Entscheidet man sich für $C = 100$ mm, so hat man die zu analysierende Übergangsfunktion so umzuzeichnen, daß der Ordinatenwert K_S im Diagramm ebenfalls 100 mm entspricht. Legt man dann die auf Transparentpapier gezeichnete Kurvenschar auf die Übergangsfunktion, so kann man durch Verschiebung in Richtung der Zeitachse eine e-Funktion finden, die der Übergangsfunktion möglichst gut entspricht. Eine Deckungsgleichheit wird jedoch in der Regel nicht zu erzielen sein. Da es sich um ein Näherungsverfahren handelt, sucht man durch Augenschein zu

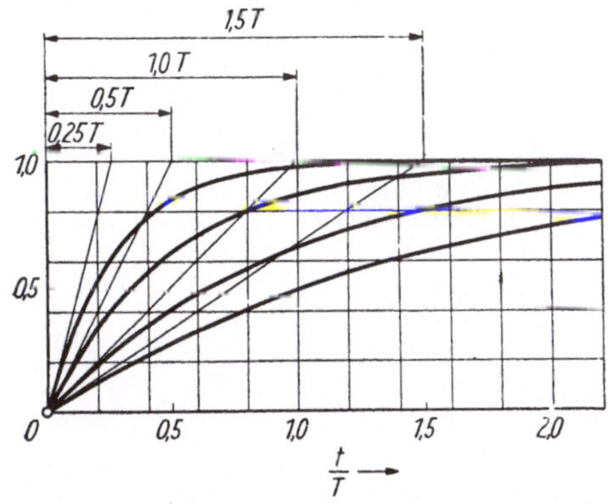

Bild 6. *Kurvenschar von* e-*Funktionen* $y = C\,(1 - e^{-\frac{t}{T}})$ *mit* T *als Parameter*

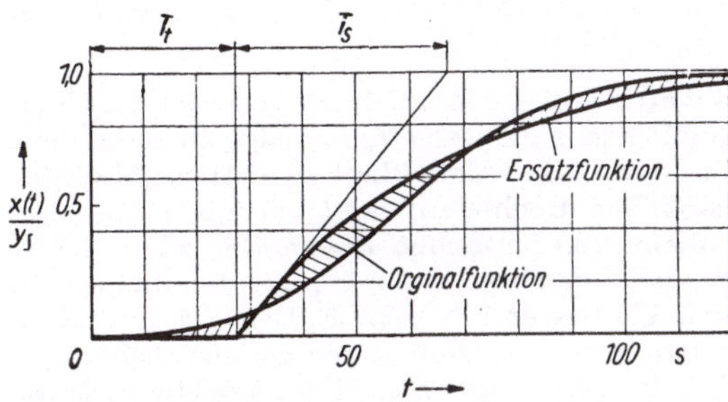

Bild 7. *Ermittlung einer definierten Ersatzfunktion* $(T_S = T_1)$

erreichen, daß die im Bild 7 angelegten Fehlerflächen ober- und unterhalb der Ersatzfunktion zusammen zu einem Minimum werden. Die Ersatzzeitkonstante T_1 und die Ersatztotzeit T_t sind danach unmittelbar im Zeitmaßstab der Übergangsfunktion abzulesen.

Die im Bild 8 gezeigte I-Strecke ist ohne wesentliche Hilfskonstruktionen auswertbar. Es ist lediglich eine Asymptote an die Funktion zu legen. Der Schnittpunkt von Asymptote und Abszisse entspricht der Summe von $(T_t + T_1)$. Die Totzeit T_t ist durch den Ablösepunkt der Funktion von der t-Achse festgelegt. Ist $T_t > T_1$, so kann die Strecke ohne wesentlichen Fehler auch als IT_t-Glied betrachtet werden. Dann ist für T_t der Asymptotenschnittpunkt mit der Abszisse einzusetzen.

Es können natürlich gelegentlich Übergangsfunktionen auftreten, die mit dem beschriebenen Auswertungsprinzip nicht erfaßbar sind. Für diese Fälle sei auf die Literatur [14] [20] verwiesen, die Hinweise auch auf andere Auswertungsverfahren enthält.

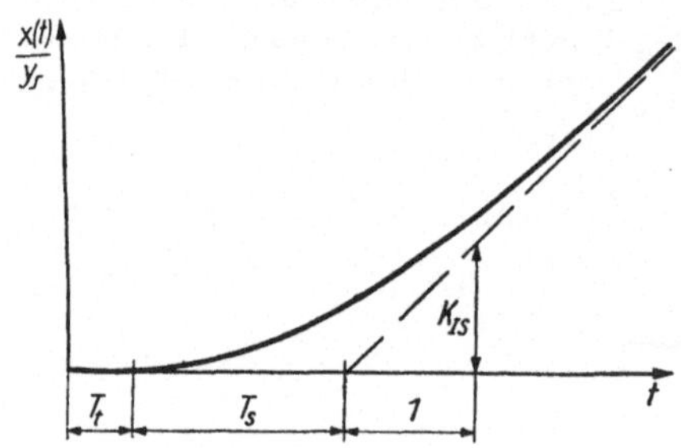

Bild 8. Bestimmung der Zeitkennwerte einer integralen Strecke

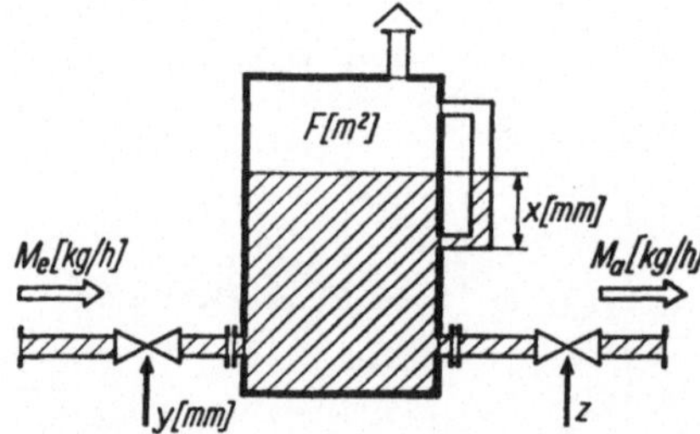

Bild 9. Schema einer Standregelstrecke

Am Anfang dieses Abschnitts wurde von der Möglichkeit gesprochen, Übergangsfunktionen aus den technologischen Daten einer Anlage zu berechnen. Es sei hier darauf hingewiesen, daß diese Möglichkeit zwar theoretisch besteht, jedoch mit einem erheblichen Rechenaufwand verbunden ist. Der Regelungstechniker ist dazu allein, von einfachen Fällen abgesehen, kaum in der Lage. Als Voraussetzungen gehören dazu genaue technologische Kenntnisse des Verfahrens, wie sie bestenfalls dem Entwickler und Konstrukteur der Anlage zur Verfügung stehen. Neben den geometrischen Abmessungen des Objekts werden dazu benötigt: Stoffflußübersichten, Materialkennziffern, thermodynamische Kennziffern, Aggregatzustände der

Medien und die physikalischen Gesetze, nach denen der Prozeß abläuft. Derartige Untersuchungen übersteigen normalerweise die Möglichkeiten eines Automatisierungsprojekts. Wenn die notwendigen Kennwerte vorliegen, sollten derartige Untersuchungen an mit Analog- oder Digitalrechnern ausgerüstete Rechenzentren gegeben werden. Andererseits sei bemerkt, daß die Größenordnung der Streckenparameter in einfachen Fällen auch für den Projektanten der BMSR-Anlage abschätzbar ist.

So läßt sich der Integrationsfaktor einer Standregelstrecke aus der Differenz der zu- und abfließenden Mengen unter Berücksichtigung des freien Querschnitts am Meßort elementar berechnen.

1. Beispiel

Der Integrationsfaktor K_{IS} einer Standregelstrecke soll bestimmt werden (Bild 9). Bekannt sind folgende technische Daten der Strecke:

die Oberfläche der Flüssigkeit
auf der Niveauhöhe des Meßgerätes $\qquad F = 1,2\ \mathrm{m}^2$,

der mittlere Zufluß $\qquad M_e = 5600\ \mathrm{kg/h}$,

die Dichte der Flüssigkeit $\qquad \varrho = 860\ \mathrm{kg/m^3}$,

der Übertragungsfaktor des Stellglieds $\quad K_{SG} = \dfrac{\Delta M_e}{\Delta y} = \dfrac{1000}{30}\ \dfrac{\mathrm{kg}}{\mathrm{h\,mm}}$.

Mit diesen Werten läßt sich ein Volumenvergleich ansetzen:

$$\Delta x\,F = \Delta t\,\frac{\Delta M_e}{\varrho}\,.$$

Andererseits ist mit Hilfe der Definitionsgleichung für den Integrationsfaktor

$$K_{IS} = \frac{\Delta x/\Delta t}{\Delta y}$$

der Lösungsweg gegeben:

$$K_{IS} = \frac{\dfrac{\Delta M_e}{\varrho\,F}}{\dfrac{\Delta M_e}{K_{SG}}} = \frac{K_{SG}}{\varrho\,F} = \frac{1000}{30 \cdot 860 \cdot 1,2} = 32,3\ \frac{\mathrm{mm}}{\mathrm{mm\,h}}\,,$$

$$K_{IS} = 9,0 \cdot 10^{-3}\ \frac{\mathrm{mm/s}}{\mathrm{mm}}\,.$$

Der so berechnete Integrationsfaktor der Strecke gibt, in Worten ausgedrückt, an, welche Änderungsgeschwindigkeit das Flüssigkeitsniveau annimmt, wenn das Ventil um einen Millimeter verstellt wird. Vorausgesetzt ist dabei, daß die Verstellung vom Beharrungszustand (Zufluß gleich Abfluß) aus vorgenommen wird. Als Eingangsgröße der Regelstrecke ist hier-

bei die Ventilstellung anzusehen. Oft ist es jedoch zweckmäßiger, nicht die
Ventilstellung, sondern den in die Strecke eintretenden Massenstrom als
Eingangsgröße zu nehmen, weil über die Auslegung und Art des einzu-
setzenden Ventils oft erst in einem späteren Projektierungsstadium Fest-

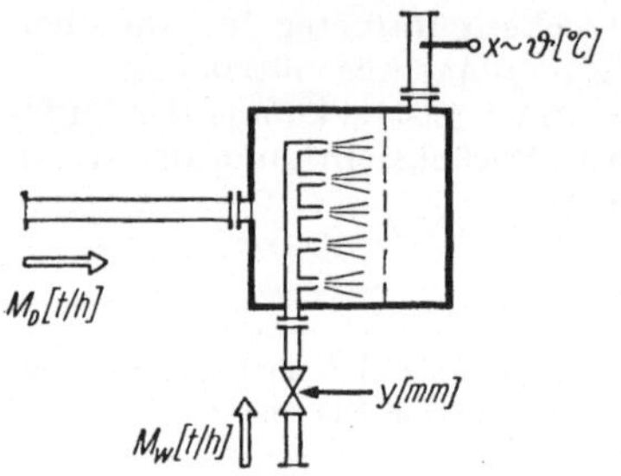

Bild 10. Einspritzkühler

legungen getroffen werden. Der Integrationsfaktor K_{IS}^{*} nimmt dann natürlich einen anderen Zahlenwert und eine andere Dimension an. Beide Kenngrößen der integralen Regelstrecke stehen mit dem Übertragungsfaktor
des Stellglieds in folgender Relation:

$$K_{IS}^{*} = \frac{K_{IS}}{K_{SG}} = \frac{9,0 \cdot 10^{-3} \cdot 30}{1000} \frac{\text{mm h mm}}{\text{s mm kg}},$$

$$K_{IS}^{*} = 2,7 \cdot 10^{-4} \frac{\text{mm/s}}{\text{kg/h}}.$$

Als nächstes Beispiel für die näherungsweise Berechnung von Streckenparametern aus den technologischen Daten einer Strecke wird der Einspritzkühler gewählt, dessen Übertragungsfaktor K_S bestimmt werden soll
(Bild 10).

2. Beispiel

Gegeben sind nachstehende Daten:

normal eintretende Dampfmenge	$M_D = 12$ t/h,
Dampftemperatur am Eingang	$\vartheta_D = 250$ °C,
Dampfdruck	$p_D = 5,0$ kp/cm²,
Kühlwassertemperatur	$\vartheta_W = 40$ °C,
Temperatur-Soll-Wert des austretenden Dampfes	$\vartheta_K = 200$ °C.

Aus einem *is*-Diagramm oder einer Dampftafel werden die spezifischen
Wärmeinhalte von Wasserdampf für 250 und 200°C sowie von Wasser für
40°C bei einem Druck von 5,0 kp/cm² entnommen und die Differenzbeträge festgestellt:

$$\Delta i_D = i_{1D} - i_{2D} = 706,8 - 682,2 = 24,6 \text{ kcal/kg},$$

$$\Delta i_W = i_{1W} - i_{2W} = 40,1 - 682,2 = -642,1 \text{ kcal/kg}.$$

Mit diesen Werten läßt sich die notwendige Einspritzwassermenge M_W bestimmen:

$$M_W = \frac{M_D\,\Delta i'_D}{\Delta i_W} = \frac{12 \cdot 24{,}6}{642{,}1} = 0{,}46 \text{ t/h} .$$

Die stationären Verhältnisse für den Normalzustand sind damit gegeben. Zur Ermittlung des Übertragungsfaktors K_S dieser Strecke genügen wegen der nichtlinearen Abhängigkeit des Wärmeinhalts von der Temperatur diese Angaben nicht. Es ist festzustellen, welche Temperaturänderung der Regelgröße bei einer kleinen Wassermengenänderung eintritt. Darum werden jetzt noch die Differenzbeträge der Wärmeinhalte zwischen den Temperaturzuständen 250 und 210°C für Dampf sowie 40 und 210°C für den Wasser-Dampf-Übergang bestimmt:

$$\Delta i'_D = 706{,}8 - 687{,}2 = 19{,}6 \text{ kcal/kg} ,$$
$$\Delta i'_W = 40{,}1 - 687{,}2 = -647{,}1 \text{ kcal/kg} .$$

Hieraus folgt für den Temperaturzustand 210°C des austretenden Dampfes eine notwendige Wassermenge von

$$M'_W = \frac{M_D\,\Delta i'_D}{\Delta i'_W} = \frac{12 \cdot 19{,}6}{642{,}1} = 0{,}366 \text{ t/h} .$$

Damit sind die notwendigen Voraussetzungen erfüllt, um den Übertragungsfaktor K_S dieses Einspritzkühlers bestimmen zu können:

$$K_S = \frac{\Delta \vartheta_x}{\Delta M_W} = \frac{210 - 200}{0{,}366 - 0{,}460} = -\frac{10}{0{,}104} = -96 \frac{°C}{\text{t/h}} .$$

Wegen der hohen Dampfgeschwindigkeit und des kleinen Volumens der Mischkammer kann die zeitliche Verzögerung hier vernachlässigt werden.

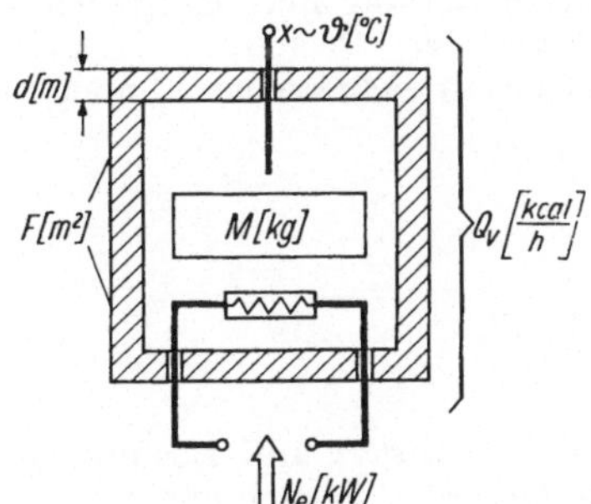

Bild 11. Elektrisch beheizter Ofen

Nicht zu vernachlässigen sind dagegen die im Temperaturfühler anfallenden Zeitkennwerte, die für ein Thermoelement mit Schutzrohr Werte der Größenordnung von $T_t \approx 8$ s und $T_1 \approx 20$ s annehmen können.
Als nächste Regelstrecke wird ein elektrisch beheizter Ofen bezüglich seiner Streckenparameter berechnet.

3. Beispiel

Ermittelt wurden folgende technische Daten des Ofens:

Einsatzmasse (einschl. der Ofeneinbauten) $\qquad M = 500$ kg,

spezifische Wärme des Einsatzes bei Soll-Temperatur $\quad c = 0,12 \dfrac{\text{kcal}}{\text{kg °C}}$,

wirksame Oberfläche des Ofens $\qquad F = 6,0$ m²,

mittlere Dicke der Isolierungsschicht $\qquad d = 0,3$ m,

Wärmedurchgangszahl $\qquad \varrho = 1,8 \dfrac{\text{kcal}}{\text{mh°C}}$,

Temperatur-Soll-Wert $\qquad \vartheta_\text{K} = 750$ °C,

Außentemperatur $\qquad \vartheta_\text{a} = 50$ °C.

Mit diesen Angaben lassen sich sowohl die Wärmeverluste Q_V wie auch die Speicherwärme L_s des Ofens feststellen.

$$Q_\text{V} = \frac{\varrho\,F}{d}\,(\vartheta_\text{K} - \vartheta_\text{a}) = \frac{1,8 \cdot 6,0}{0,3}\,(750 - 50) = 25\,200\,\frac{\text{kcal}}{\text{h}},$$

$$L_\text{s} = c\,M\,(\vartheta_\text{K} - \vartheta_\text{a}) = 0,12 \cdot 500\,(750 - 50) = 42\,000\,\text{kcal}.$$

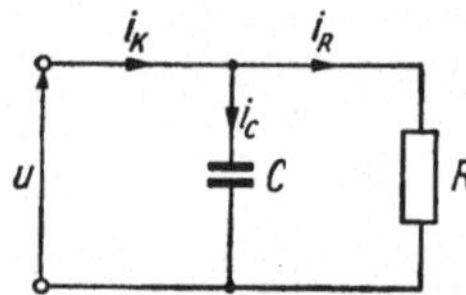

Bild 12. Elektrische Analogieschaltung des Ofens

Der Übertragungsfaktor des Ofens kann unmittelbar aus den stationären Werten berechnet werden. Die elektrische Heizleistung muß die Wärmeverlustleistung decken. Unter Verwendung der Beziehung 1 kWh = 860 kcal läßt sich die Wärmeverlustleistung in elektrischen Einheiten ausdrücken:

$$Q_\text{Ve} = \frac{25\,200}{860} = 29,3\,\text{kW},$$

$$K_\text{s} = \frac{\varDelta\vartheta_x}{\varDelta Q_\text{Ve}} = \frac{750 - 50}{29,3 - 0} = 23,9\,\text{kW}.$$

Die Verzögerungszeitkonstante ließe sich durch Ansatz und Lösung der den dynamischen Vorgang beschreibenden Differentialgleichung

$$Q_\text{e} = \frac{\text{d}L_\text{s}}{\text{d}t} + Q_\text{Ve}$$

bestimmen. Hier soll jedoch ein anderer Weg beschritten werden, der auf dem Analogieschluß zu einem elektrischen *RC*-Glied beruht.

Es bestehen folgende Analogien:

Temperatur $\vartheta \triangleq$ Spannung u ,

Wärmeleistung $Q \triangleq$ Strom i ,

Wärmewiderstand $\dfrac{\vartheta}{Q_V} \triangleq$ Widerstand $R = \dfrac{u}{i_R}$,

Wärmekapazität $\dfrac{L_S}{\vartheta} \triangleq$ Kapazität $C = \dfrac{1}{u} \int i_C \, dt$.

Aus der bekannten Beziehung für die Zeitkonstante von RC-Gliedern $T = RC$ folgt für die Zeitkonstante des Ofens

$$T_1 = \frac{\vartheta}{Q_V} \frac{L_S}{\vartheta} = \frac{L_S}{Q_V} = \frac{42\,000}{25\,000} = 1{,}66 \text{ h} \ .$$

Durch Einsetzen der Bestimmungsgleichungen von L_S und Q_V erhält man

$$T_1 = \frac{c\,M\,d}{\varrho\,F} \ ,$$

das gleiche Ergebnis, das auch über die Differentialgleichung gefunden werden kann.

Nimmt man die Übergangsfunktion eines derartigen Ofens auf, so wird man feststellen, daß neben der oben näherungsweise berechneten Hauptzeitkonstante T_1 weitere kleine Verzögerungen vorhanden sind, die teils durch den Temperaturfühler und teils durch interne Zirkulationsvorgänge im Ofen bedingt sind.

Schwierig werden derartige Berechnungen, wenn es sich um Strecken mit mehreren Speichern handelt, die in Reihe oder parallel geschaltet sind.

Leider haben viele Regelstrecken, wie Wärmeaustauscher, Destillationskolonnen und Reaktoren, derartige Eigenschaften, die sich einer elementaren Berechnung entziehen. Im Literaturverzeichnis sind einige Hinweise für die rechnerische oder modellmäßige Behandlung derartiger Strecken enthalten [1] [3] [9] [10] [11] [15] [18] [20] [26].[1])

2.5. Abschätzung der Regelgenauigkeit

Um Aussagen über die erreichbare Genauigkeit einer Regelung machen zu können, sind einige Voraussetzungen notwendig. Dabei ist zwischen statischer und dynamischer Regelgenauigkeit zu unterscheiden. Die statische Genauigkeit, die nach Abklingen aller Ausgleichsvorgänge bei konstant gehaltenen Störgrößen erreicht wird, ist abhängig vom Reglerprinzip (z. B. P-Abweichung), von der Ansprechempfindlichkeit des Reglers und Meßwandlers sowie vom Abgleichfehler des Meßfühlers und von der Reproduzierbarkeit des eingestellten Soll-Werts. Die Größenordnung dieses statischen Fehlers von 1 bis 3% ist meist den Typenblättern der vorge-

---

[1]) Siehe auch *Dittmann:* Kennwertermittlung von Regelstrecken und Regelgeräten [RA 20].

sehenen Geräte zu entnehmen und bereitet keine wesentlichen Schwierigkeiten, da über den Sollwert eine Korrektur möglich ist.

Anders liegen die Verhältnisse bei der Abschätzung des dynamischen Fehlers. Um in dieser Hinsicht Aussagen machen zu können, ist es erforderlich, über den Angriffspunkt, die Amplitude und die Zeitfunktion der betrachteten Störgröße Angaben zu erhalten oder entsprechende Vereinbarungen zu treffen. Die Parameter der Regelstrecke müssen natürlich ebenfalls vorliegen. Die Reglerparameter lassen sich danach mit Hilfe von geeigneten Näherungsformeln bestimmen (s. Abschn. 3.3.), wenn über die Art des Regelverlaufs bzw. dessen Dämpfung Festlegungen getroffen werden.

Der Bestimmung der Übergangsfunktion wird meist eine sprunghaft einwirkende Störgröße zugrunde gelegt, weil die Ansicht besteht, daß diese Störung den ungünstigsten Fall darstellt. Wenn jedoch die im Betrieb später einwirkenden Störungen periodische Komponenten enthalten, ist diese Methode nicht in jedem Fall ausreichend. Jeder Regelkreis hat eine bestimmte Eigenfrequenz ω, auch wenn der Kreis auf aperiodisches Verhalten der Regelgröße optimiert wurde. Diese Eigenfrequenz ω bildet eine typische Grenze für die in der Störung z enthaltenen Frequenzen ω_z, der gestalt, daß für

$$\omega_z \ll \omega$$

eine Dämpfung der Störamplitude, für

$$\omega_z \approx \omega$$

eine Verstärkung der Störamplitude eintritt und für

$$\omega_z \gg \omega$$

die Störamplituden so auf die Regelgröße x einwirken, als wenn kein Regler angeschlossen wäre. Es ist also wichtig, darauf zu achten, daß keine wesentlichen Störfrequenzen in der Nähe der Eigenfrequenz des Kreises liegen. Ferner ist selbstverständlich, daß Störfrequenzen oberhalb ω durch den Regler nicht mehr gedämpft bzw. beseitigt werden können. Für den Fall der Führungsstörung z_w bestehen inverse Verhältnisse. Für $w_z \ll \omega_k$ wird, wie beabsichtigt, die Führungsgröße exakt auf die Regelgröße übertragen. Im Bild 13 sind die drei typischen Störfälle eines Regelkreises, die Führungsstörung z_w, die Eingangsstörung z_y und die Ausgangsstörung z_x, im Signalflußbild dargestellt. In der logarithmischen Frequenz-Amplituden-Darstellung (Bild 14) sind die dazugehörigen typischen Frequenzkennlinien angegeben.[1] Der wirksame Arbeitsbereich des Regelkreises liegt in allen drei Fällen nur in dem Frequenzbereich von $\omega_z \approx 0$ bis $0{,}5\,\omega$. Für den Wert der Eigenfrequenz ω des Kreises kann annähernd

$$\omega \approx \frac{1}{2\,T_t}$$

gesetzt werden, wenn der zugehörige PI-Regler auf den aperiodischen Grenzfall der Störübergangsfunktion eingestellt wird.

---

[1] Siehe auch *Zemlin*: Grundzüge des Frequenzkennlinienverfahrens [RA 36] und *Wolff*: Anwendung des Frequenzkennlinienverfahrens [RA 39].

Nach diesen grundsätzlichen Betrachtungen werden in den Bildern 15 bis 20 einige normierte Diagramme als Arbeitsmittel für die Abschätzung der Regelgüte bereitgestellt. Es handelt sich dabei um Ergebnisse, die mit Hilfe eines Analogrechners experimentell bestimmt wurden. Die Parameter des PI-Reglers K_R und K_{IR} wurden dabei jeweils so optimiert, daß der Ausregelvorgang praktisch ein aperiodisches Verhalten mit der küzesten Ausregelzeit zeigte. Im Bild 15 sind die typischen Kenngrößen eindeutig

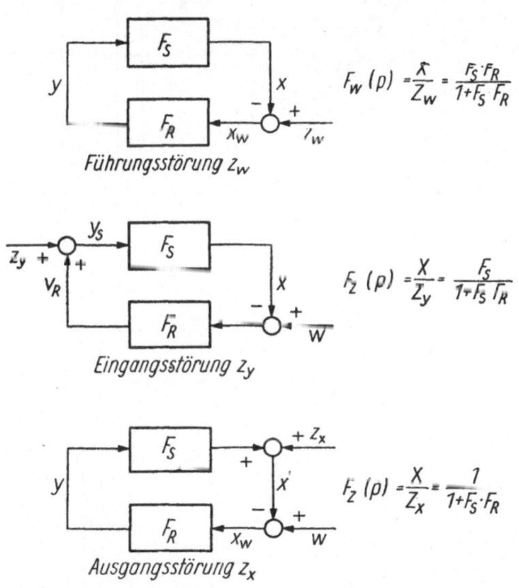

Bild 13. Die drei typischen Störmöglichkeiten eines Regelkreises

definiert und dargestellt. Es handelt sich um

x_M die maximale Regelabweichung,

t_{x_M} den Zeitpunkt des Maximums,

t_{x_0} die Ausregelzeit.

Als Ausregelzeit wurde die Zeitspanne zugrunde gelegt, nach der die Regelgröße bis auf ein Hundertstel der maximalen Abweichung abgeklungen ist.

Mit diesen Diagrammen sind im Rahmen der Projektierung auf einfache Weise die Abschätzungen möglich, die das prinzipielle Verhalten von einschleifigen Regelkreisen mit PT_tT_1- und IT_t-Strecken kennzeichnen.

Bei Benutzung von Bild 19 ist zu beachten, daß der Zeitkennwert T_{IS} als die Zeit definiert ist, in der bei Anlegen eines sprungförmigen Einheitssignals vermittels der integralen Strecke die Einheit des Ausgangssignals erreicht wird. Das auf der Ordinate abgelesene Verhältnis x_M/z_y ist nur richtig, wenn der gefundene Wert mit den für die Bestimmung von T_{IS}

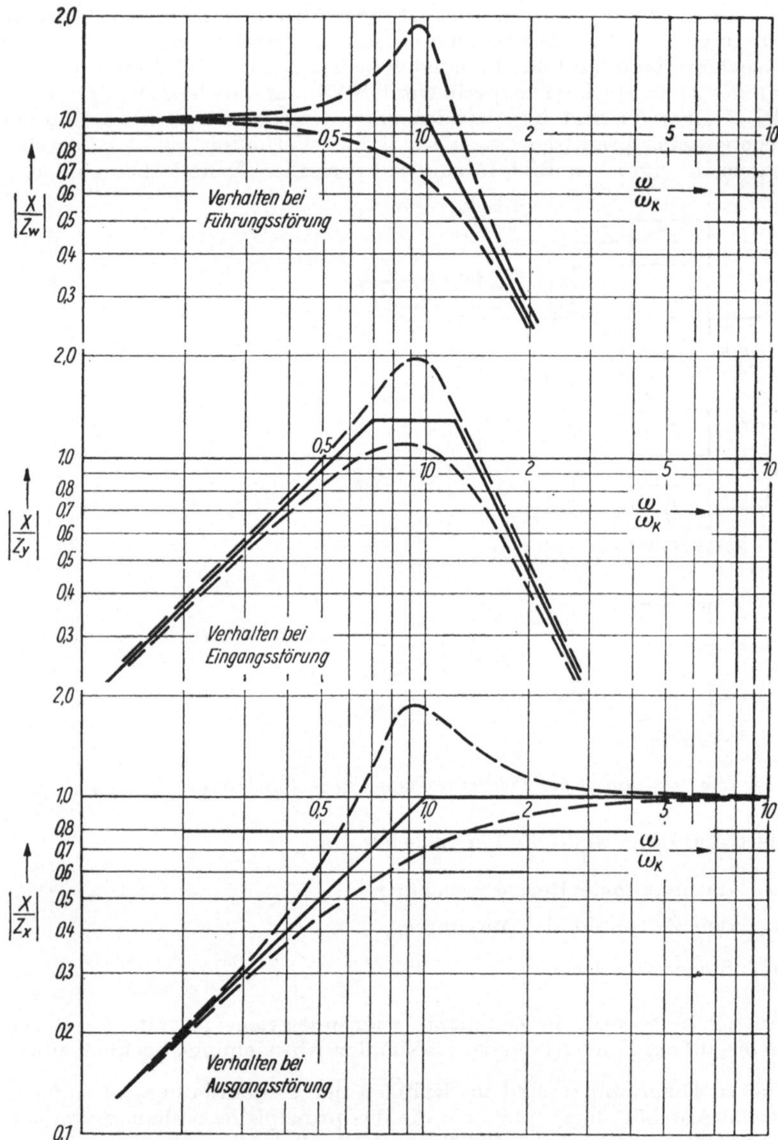

Bild 14. Frequenzkennlinien der Schaltungen von Bild 13

gewählten Einheiten interpretiert wird. Unter dieser Voraussetzung läßt sich das Diagramm von Bild 19 auch als Funktion darstellen.

$$\left(\frac{x_\mathrm{M}}{z_y}\right) = \frac{1{,}85}{\left(\dfrac{T_\mathrm{IS}}{T_\mathrm{t}}\right)} \; .$$

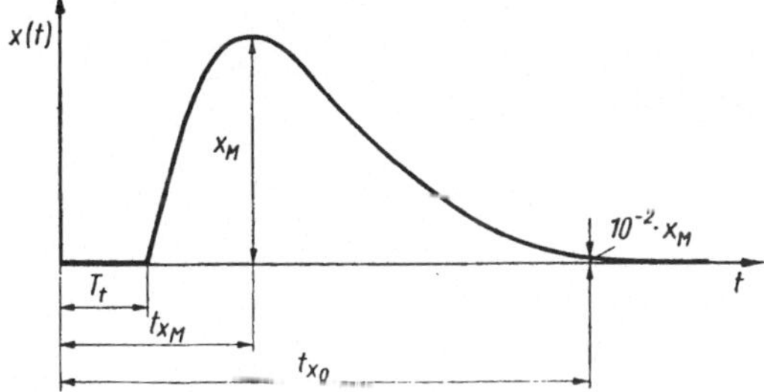

Bild 15. Definitionszeichnung eines Ausregelvorgangs $x(t)$ bei sprungförmiger Eingangsstörung z_y

Die Bilder 17 und 18 gestatten eine Aussage über die zu erwartende Ausregelzeit t_{x_0} und die Zeit für das Auftreten der maximalen Regelabweichung t_{x_M}. Dabei ist interessant, daß unter den obigen Voraussetzungen diese Zeiten bei der $\mathrm{IT_t}$-Strecke unabhängig vom Verhältnis $T_\mathrm{IS}/T_\mathrm{t}$ sind.

$$t_{x_\mathrm{M}} = 3{,}5 \, T_\mathrm{t} \qquad t_{x_0} = 7{,}2 \, T_\mathrm{t}$$

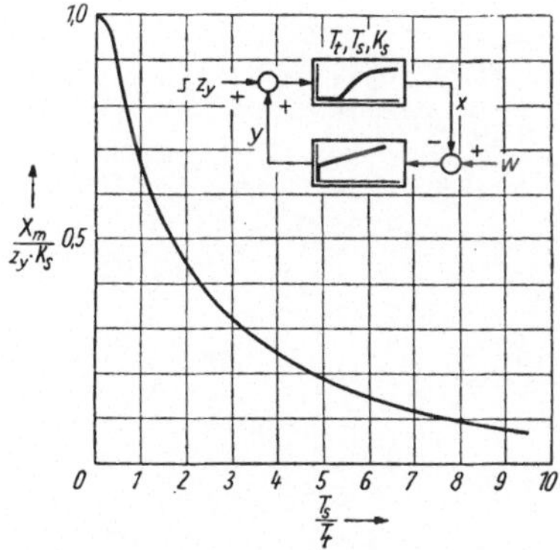

Bild 16. Maximale Regelabweichung bei sprunghaft einwirkender Eingangsstörung z_y auf eine PT_tT_1-Strecke mit einem auf aperiodisches Verhalten angepaßten PI-Regler $(T_\mathrm{S} = T_1)$

Neben den beschriebenen relativ groben Abschätzungsmöglichkeiten des zu erwartenden Regelergebnisses sei nachstehend eine grafisch-analytische Methode zur Gewinnung der interessierenden Übergangsfunktion beschrieben, die es gestattet, für beliebige Störfunktionen ein sicheres Ergebnis zu erhalten. Es sei nicht verschwiegen, daß dazu allerdings ein Arbeitsaufwand von ein bis zwei Stunden nötig ist, um eine Übergangsfunktion zu konstruieren. Dafür sind andererseits jedoch keine speziellen

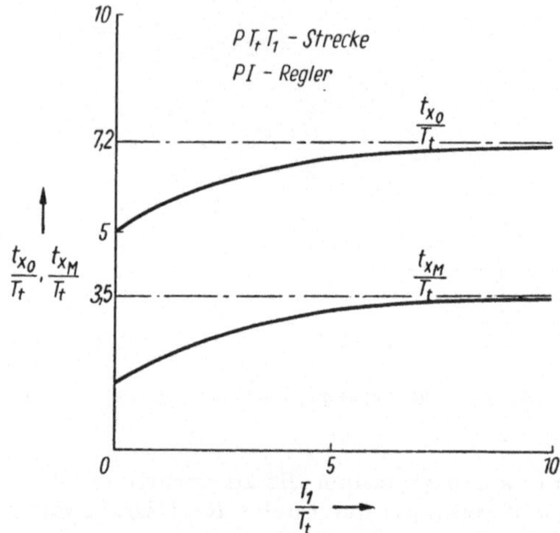

Bild 17. Ausregelzeitpunkt t_{x0} und Zeitpunkt der maximalen Regelabweichung t_xM des Regelkreises nach Bild 16

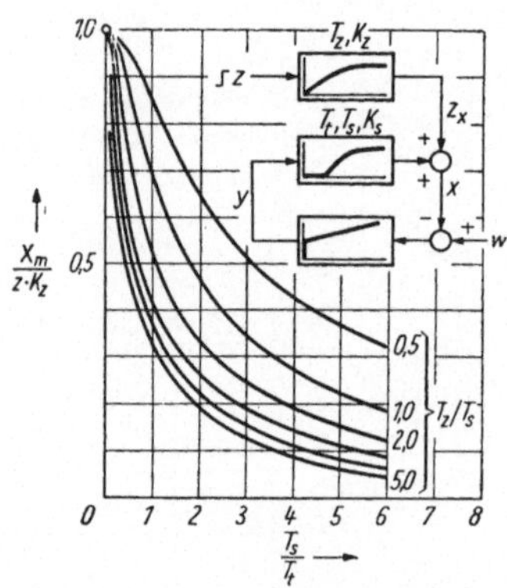

Bild 18. Maximale Regelabweichung bei verzögert einwirkender Ausgangsstörung z_x auf einen Kreis mit $PT_t T_1$-Strecke und einem auf aperiodisches Einschwingverhalten angepaßten PI-Regler (TS $= T_1$)

Kenntnisse der Laplace-Transformation für dieses Verfahren erforderlich. Zur Einführung sind zunächst einige Vorbemerkungen zu machen. Die e-Funktion $a\,(t) = K$S$\,(1 - e^{-t/T}$S$)$ läßt sich auf einfache Weise grafisch,

mittels einer fortlaufenden Tangentenkonstruktion, zeichnen (Bild 21).
Dazu ist die durch K_S bestimmte Asymptote zu zeichnen und die Zeitkonstante T_1 darauf abzutragen. Durch die Punkte A, B ist die erste An-
stiegstangente der zu zeichnenden Funktion festgelegt. Zum Zeitpunkt

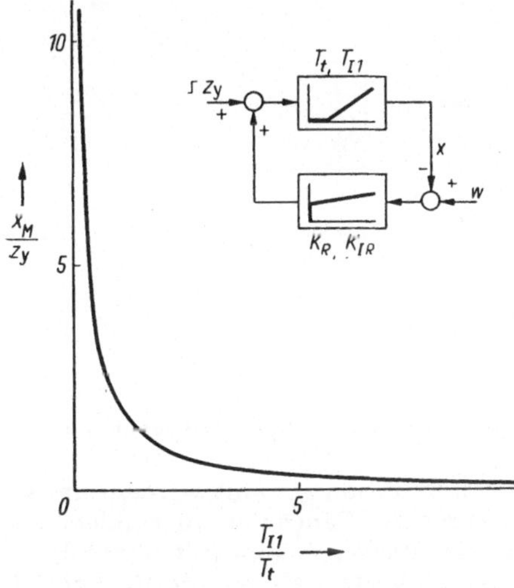

*Bild 19. Maximale Regelabweichung bei sprunghaft einwirkender Eingangsstörung z_y
auf einen Regelkreis mit IT_t-Strecke und einem auf aperiodisches Einschwingverhalten angepaßten PI-Regler*

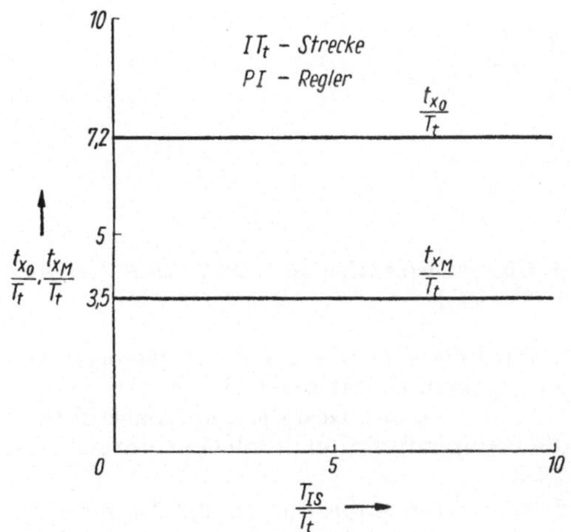

*Bild 20. Ausregelungszeitpunkt t_{x0} und Zeitpunkt der maximalen Regelabweichung
t_{xM} des Regelkreises nach Bild 19*

$t = 0,2\ T_S$ wird auf dieser Tangente der Punkt A' markiert und auf der Asymptote zum Zeitpunkt $t = 1,2\ T_S$ der Punkt B'. Die Verbindungsgerade $A'\,B'$ ist die zweite Tangente der gesuchten Funktion. Auf gleiche Weise wird zum Zeitpunkt $t = 0,4\ T_S$ der Punkt A'' und zum Zeitpunkt $t = 1,4\ T_S$ der Punkt B'' markiert und die dritte Tangente gezogen usw.

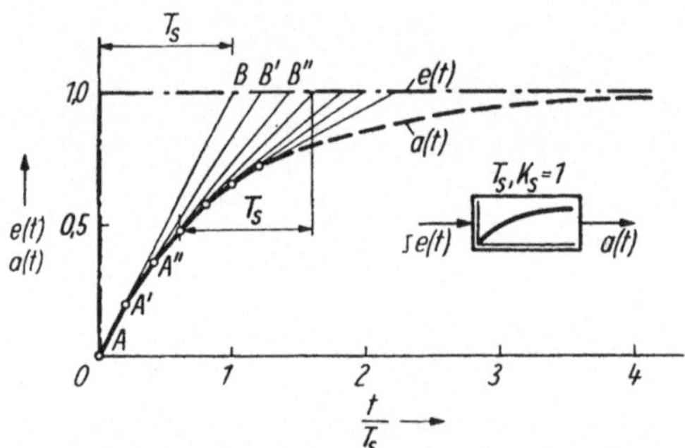

Bild 21. Grafische Konstruktion der Übergangsfunktion eines PT_1-Gliedes $(T_S = T_t)$

Je kleiner die Zeitintervalle bei der Konstruktion gewählt werden, um so genauer wird die e-Funktion als Hüllkurve der Tangenten abgebildet. Die so gezeichnete e-Funktion entsteht, als Ausgangssignal $a\,(t)$ eines PT_1-Verzögerungsglieds, wenn ein Sprungsignal $e\,(t)$ mit der Sprunghöhe 1

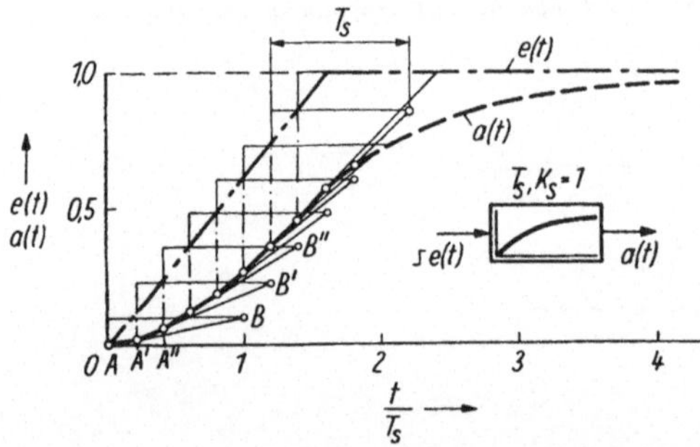

Bild 22. Grafische Konstruktion der Übergangsfunktion eines PT_1-Gliedes bei Anregung durch eine Rampenfunktion $(T_S = T_1)$

als Eingangssignal darauf wirkt. Wird als Eingangssignal $e\,(t)$ dagegen wie im Bild 18 eine Rampenfunktion gegeben, so hat auch die das Ausgangssignal $a\,(t)$ darstellende e-Funktion eine andere Gestalt. Die Konstruktion ist prinzipiell gleich, wenn man die Rampenfunktion durch eine hinreichend feinstufige Treppenfunktion annähert.

Im Beispiel des Bildes 22 wurde eine Treppenbreite von $0,2\ T_S$ gewählt. Die Bestimmungspunkte B, B', B'' usw. liegen hierbei nicht mehr auf der Höhe der Asymptote, sondern sind jetzt auf dem Niveau der jeweiligen Treppenstufen anzubringen. Die Zeitdifferenz zwischen AB, $A'B'$, $A''B''$

usw. hat wie bisher die Größe T_1. Auf diese Weise läßt sich die Antwort a (t) eines PT_1-Gliedes auf jede beliebige Ausgangsfunktion e (t) mit praktisch völlig ausreichender Genauigkeit konstruieren.

Nach den einleitenden Bemerkungen soll jetzt der im Bild 23 dargestellte Regelkreis eines elektrisch beheizten Ofens bezüglich der Antwort der Regelgröße x (t) auf eine sprungförmige Störgröße z (t) hin untersucht werden. Die Einstellwerte K_R und K_{IR} des Reglers wurden nach den im Abschn. 3.3. enthaltenen Optimierungsformeln für den aperiodischen Grenzfall berechnet.

Streckenkonstanten einschl. Meßwandler:

$$K_S = 0,5 \text{ mA}/\text{kW},$$

$$T_1 = 300 \text{ s},$$

$$T_t = 100 \text{ s}.$$

Reglereinstellung einschl. Stelleinrichtung:

$$K_R = \frac{0,6\,T_1}{K_S\,T_t} = \frac{0,6 \cdot 300}{0,5 \cdot 100} = 3,6 \ \frac{\text{kW}}{\text{mA}},$$

$$K_{IR} = \frac{0,15\,T_1}{K_S\,T_t^2} = \frac{0,15 \cdot 300}{0,5 \cdot 100^2} = 9 \cdot 10^{-3} \ \frac{\text{kW}}{\text{mA s}}.$$

Störgröße mit Sprungcharakter:

$$z = +\,10 \text{ kW},$$

hervorgerufen durch einen plötzlichen Spannungsanstieg des Netzes.
Die Konstruktion des zeitlichen Verlaufs der Regelgröße wird anhand der Diagramme im Bild 24 erläutert. Zunächst wird im Diagramm die Übergangsfunktion der Regelstrecke allein bei Einwirkung der Störgröße von

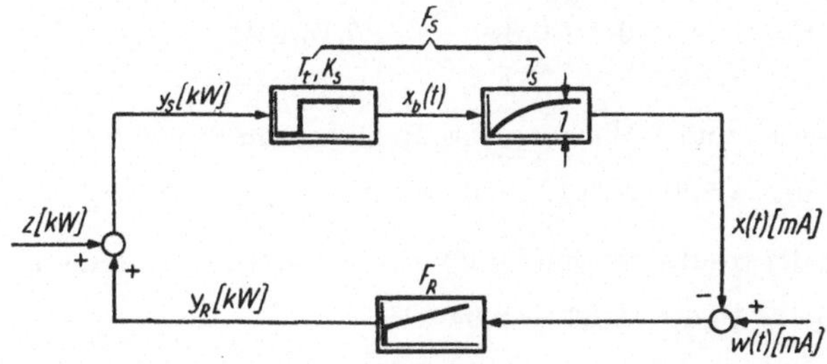

Bild 23. Blockschaltbild zum Beispiel der grafischen Ermittlung der Störübergangsfunktion des geschlossenen Kreises mit PT_t-T_1-Strecke ($T_S = T_1$)

$z = 10$ kW mit Hilfe der Tangentenkonstruktion eingetragen [Kurve x_0 (t)]. Dabei ist zu beachten, daß durch die Totzeit eine Verschiebung der Kurve von $T_t = 100$ s in Richtung der Zeitachse zu berücksichtigen ist.

Der Endwert der Funktion ist durch K_S und z bestimmt:

$$\lim_{t \to \infty} x_0 (t) = z \, K_S = 10 \cdot 0,5 = 5 \text{ mA} .$$

Von jetzt an wird der Kreis wieder als geschlossen betrachtet. Der durch z angestoßene Regelvorgang kann erst nach Ablauf der Totzeit T_t am Reglereingang und damit auch am Ausgang des PI-Reglers wirksam werden. Das Stellsignal y_R subtrahiert sich von diesem Zeitpunkt an von z, und das resultierende Eingangssignal y_S der Strecke

$$y_S (t) = z (t) - y_R (t)$$

wirkt als Zeitfunktion mit zunächst noch unbekanntem Verlauf. Wählt man hinreichend kleine Zeitintervalle, so lassen sich stückweise bei jedem Kreislauf der Signalwirkungen die interessierenden Zeitfunktionen $x (t)$ und $y_S (t)$ berechnen und konstruieren.

Die einzelnen Arbeitsschritte der grafisch-analytischen Lösung werden mit Hilfe der Rechentabelle (Tafel 1) vorgenommen. Dort sind in der Kopfzeile die notwendigen Größen aufgetragen. Nach Wahl eines geeigneten Zeitschritts $\Delta t = 50$ s kann die Konstruktion beginnen. Dabei werden die Tabellenwerte in folgenden Schritten teils errechnet und teils dem Diagramm entnommen.

Arbeitsmethodik

1. Schritt: Bestimmung von x_3 zum Zeitpunkt $t_3 = T_t + \Delta t = 150$ s als Wirkung von $y_{S_1} = z - y_{R_1} = 10 - 0 = 10$ kW nach der Tangentenmethode liefert als Diagrammwert ein $x_3 = 0,8$ mA.

2. Schritt: Berechnung der Proportional- und Integralwirkung des Reglers infolge des Signals x_3 nach den Gleichungen

$$y_{P_3} = K_R \, x_3 = 3,6 \cdot 0,8 = 2,88 \text{ kW},$$

$$y_{I_3} = K_{IR} \int_{t_2}^{t_3} x \, dt = 9 \cdot 10^{-3} \cdot 0,8 \cdot \frac{50}{2} = 0,18 \text{ kW}.$$

3. Schritt: Addition der P- und I-Wirkung des Reglers zum Stellsignal

$$y_{R_3} = y_{P_3} + y_{I_3} = 2,88 + 0,18 = 3,06 \text{ kW}.$$

4. Schritt: Berechnung der resultierenden Stellwirkung am Streckeneingang

$$y_{S_3} = z - y_{R_3} = 10,0 - 3,06 = 6,94 \text{ kW}.$$

5. Schritt: Bestimmung der Hilfsgröße

$$x_{b_5} = K_S \, y_{S_3} = 0,5 \cdot 6,94 = 3,47 \text{ mA}$$

und Eintragung dieses Wertes in das Diagramm zum Zeitpunkt

$$t_5 = t_3 + T_t = 150 + 100 = 250 \text{ s} .$$

6. *Schritt:* Anwendung der Tangentenkonstruktion im Diagramm, wobei das Treppenniveau x_{b5} zur Festlegung der Tangente $A'B'$ dient.

7. *Schritt:* Ablesen des neuen x-Wertes $x_4 = 1{,}25$ mA zur Zeit $t_4 = 200$ s auf der Tangente $A'B'$ und Eintragung dieser Größe in die Tabelle.

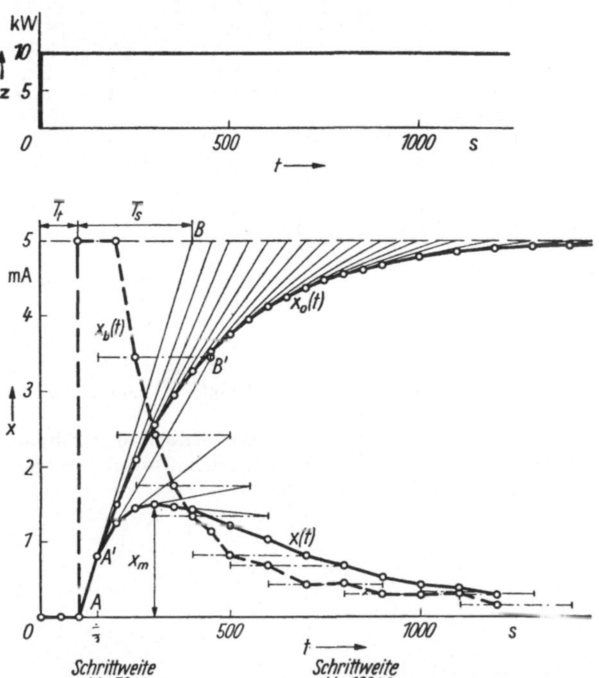

Bild 24. *Grafische Bestimmung der Zeitfunktionen der Signale des Regelkreises nach Bild 23 ($T_s = T_1$)*

Damit ist ein Arbeitszyklus durchlaufen, und der nächste Zyklus beginnt mit dem im 7. Schritt ermittelten Wert als Basis von neuem beim 1. Schritt. Die maximale Auslenkung von x, also die gesuchte maximale Regelabweichung x_m, wird meist schon nach drei bis vier Zeitschritten gefunden. Interessiert der Einschwingvorgang als Ganzes, um ein eventuelles Überschwingen festzustellen, so sind zehn bis fünfzehn Zeitschritte zu konstruieren. Zur Zeitersparnis kann man das Zeitintervall Δt im Verlauf der Kurvenbestimmung vergrößern, wenn die Änderungsgeschwindigkeit der Funktionen kleiner wird. Im Beispiel Bild 24 wurde vom Zeitpunkt $t = 400$ s an Δt von 50 auf 100 s vergrößert. Die Hilfsfunktion $x_b(t)$ zeigt dadurch eine gewisse Unregelmäßigkeit der Bestimmungspunkte, die bei der exakten Aufnahme der Funktion nicht auftreten würde. Für den hier vorliegenden Zweck genügt es vollkommen, durch die Bestimmungspunkte eine glatte mittlere Kurve zu legen. Wie der Kurvenverlauf zwischen $t = 500$ bis 1200 s zeigt, ist mit einer ins Gewicht fallenden Überschwin-

Tafel 1. Rechentabelle

Nr.	t [s]	x_b [mA]	x [mA]	y_P [kW]	Δy_I [kW]	y_I [kW]	y_R [kW]	y_S [kW]
0	0	0	0	0	0	0	0	10,0
1	50	0	0	0	0	0	0	10,0
2	100	5,0	0	0	0	0	0	10,0
3	150	5,0	0,8	2,88	(0,18)	0,18	3,06	6,94
4	200	5,0	1,25	4,50	(0,47)	0,65	5,15	4,85
5	250	3,47	1,45	5,22	(0,64)	1,26	6,48	3,52
6	300	2,42	1,50	5,40	(0,66)	1,92	7,32	2,68
7	350	1,76	1,45	5,22	(0,61)	2,53	7,75	2,25
8	400	1,34	1,45	5,22	(0,61)	3,14	8,36	1,64
9	450	1,13	—	—	—	—	—	—
10	500	0,82	1,20	4,30	(1,17)	4,31	8,61	1,39
11	600	0,70	1,05	3,80	(1,04)	5,35	9,15	0,85
12	700	0,42	0,80	2,90	(0,85)	6,20	9,10	0,90
13	800	0,45	0,70	2,52	(0,68)	6,88	9,40	0,60
14	900	0,30	0,55	1,98	(0,54)	7,42	9,40	0,60
15	1000	0,30	0,42	1,51	(0,40)	7,82	9,33	0,67
16	1100	0,33	0,40	1,44	(0,38)	8,20	9,64	0,36
17	1200	0,18	0,30	—	—	—	—	—
18	∞	0	0	0	0	10,00	10,00	0

gung der Regelgröße x (t) nicht mehr zu rechnen, so daß eine Weiterführung der Konstruktion oberhalb $t = 1200$ s keine wesentlichen weiteren Kenntnisse über den Funktionsverlauf mehr liefern würde.

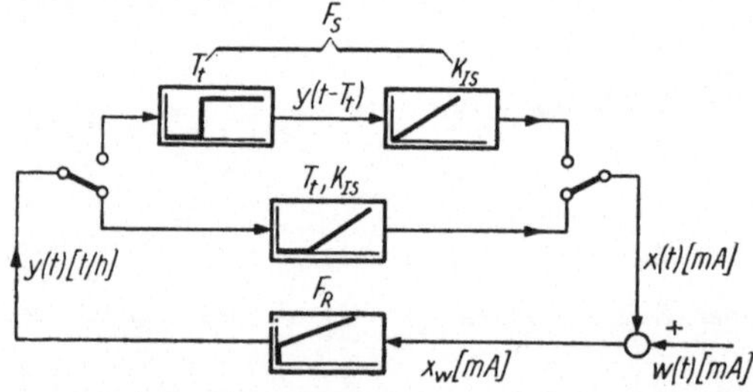

Bild 25. Blockschaltbild zum Beispiel der grafischen Ermittlung der Führungsüber-gangsfunktion des geschlossenen Kreises mit IT_t-Strecke

Diese Methodik erfordert eine gewisse Geduld und Konzentration. Rechen- oder Zeichenfehler pflanzen sich durch alle folgenden Etappen hindurch fort und sind dann nicht mehr auszugleichen. Dafür wird jedoch ein sehr klarer Einblick in die Dynamik der Signale im Regelkreis vermittelt, wie er durch die geschlossenen rein mathematischen Lösungsmethoden nicht erreicht wird. Weiter sei bemerkt, daß die rein mathematische Lösung, um anschaulich zu werden, auch grafisch punktweise aufgetragen werden muß, wozu ebenfalls ein nicht unerheblicher Zeitaufwand gehört. Darum bedient man sich in schwierigen Fällen des Modellregelkreises, um mit erträglichem Zeitaufwand die gesuchten Zeitfunktionen zu erlangen und parallel dazu auch die günstigsten Einstellwerte der Regler experimentell zu bestimmen.

Als nächstes Beispiel der schrittweisen Bestimmung einer Übergangsfunktion wird eine IT_t-Strecke, z. B. eine Standregelung mit PI-Regler, behandelt, wie im Bild 25 dargestellt. Es soll die Führungsübergangsfunktion $F_w(t) = \dfrac{x(t)}{w(t)}$ bei sprungförmiger Verstellung der Führungsgröße $w(t)$ grafisch bestimmt werden.

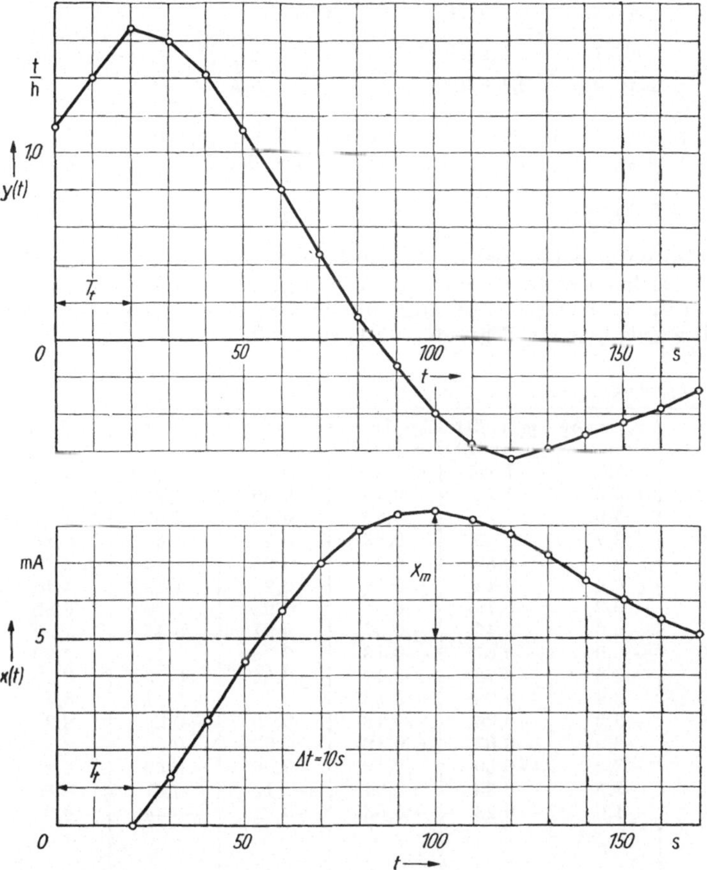

Bild 26. Grafische Bestimmung der Zeitfunktionen der Signale des Regelkreises nach Bild 25

Streckenkonstanten (einschl. Meßwandler):

$$K_{IS} = 0{,}1 \ \frac{\text{mA/s}}{\text{t/h}} \,,$$

$$T_t = 20 \text{ s} \,.$$

Der Kreis wird im Betrieb überwiegend durch Störgrößen z_y (am Streckeneingang) beeinflußt. Darum erfolgte eine Optimierung nach den Einstell-
formeln des Abschnitts 3.3.

Reglereinstellungswerte (einschl. Stellglied):

$$K_R = \frac{0,46}{K_{IS}T_t} = \frac{0,46}{0,1 \cdot 20} = 0,23 \, \frac{t/h}{mA} \, ,$$

$$K_{IR} = \frac{0,21}{K_{IS} \, T_t^2} = \frac{0,21}{0,1 \cdot 20^2} = 0,53 \cdot 10^{-2} \, \frac{t/h}{mA} \, .$$

Es soll geprüft werden, ob der Kreis auch für Führungsstörungen $z_w \, (t)$
noch ein brauchbares Verhalten zeigt. Die Größe des Sollwertsprungs ist

$$\Delta w = 5,0 \text{ mA} \, .$$

Ähnlich wie im vorigen Beispiel wird auch hier wieder eine Rechentabelle
(Tafel 2) für die benötigten Funktionswerte angelegt. Die Bestimmungs-
methode wird in den nachstehend aufgeführten Schritten beschrieben. Als
Zeitintervall wurde hier ein Wert $\Delta t = 10$ s gewählt.

Tafel 2. Rechentabelle

Nr.	t [s]	x_w [mA]	y_P [t/h]	Δy_I [t/h]	y_I [t/h]	y [t/h]	x [mA]
0	0	5,0	1,15	—	0	1,15	0
1	10	5,0	1,15	0,26	0,26	1,41	0
2	20	5,0	1,15	0,26	0,52	1,67	0
3	30	3,7	0,85	0,23	0,75	1,60	1,28
4	40	2,2	0,50	0,16	0,91	1,42	2,80
5	50	0,6	0,14	0,07	0,98	1,12	4,40
6	60	—0,8	—0,19	0	0,98	0,80	5,80
7	70	—2,0	—0,46	—0,07	0,91	0,45	7,00
8	80	—2,9	—0,67	—0,13	0,78	0,11	7,90
9	90	—3,3	—0,76	—0,17	0,61	—0,15	8,3
10	100	—3,4	—0,78	—0,18	0,37	—0,41	8,4
11	110	—3,2	—0,75	—0,18	0,19	—0,56	8,2
12	120	—2,9	—0,67	—0,16	0,03	—0,64	7,8
13	130	—2,2	—0,50	—0,12	—0,09	—0,59	7,2
14	140	—1,5	—0,35	—0,07	—0,16	—0,51	6,5
15	150	—1,0	—0,23	—0,05	—0,21	—0,44	6,0
⋮	⋮	⋮	⋮	⋮	⋮	⋮	⋮
n	∞	0	0	0	0	0	5,0

Arbeitsmethodik

1. Schritt: Die zum Zeitpunkt t_0 wirksam werdende Regelabweichung x_{w0}
steuert den Regler und erzeugt über die eingestellte P-Wirkung gleichzeitig
das Stellsignal

$$y_0 = K_R \, x_{w0} = 0,23 \cdot 5,0 = 1,15 \text{ t/h} \, .$$

Da vor Ablauf der Totzeit T_t keine Wirkung von y auf x möglich ist, wird sofort die Stellgröße y_2 nach den Gleichungen

$$y_{P_2} = K_R\, x_{w_2} = 0{,}23 \cdot 5{,}0 = 1{,}15 \text{ t/h} \,,$$

$$y_{I_2} = K_{IR} \int_0^{t_2} x_w \, dt = 0{,}53 \cdot 10^{-2} \cdot 5 \cdot 20 = 0{,}52 \text{ t/h} \,,$$

$$y_2 = y_{P_2} + y_{I_2} = 1{,}15 + 0{,}52 = 1{,}67 \text{ t/h}$$

bestimmt und in die Tabelle eingetragen.

2. *Schritt*: Mit dem Stellsignal im Intervall t_0 bis t_1 ist die Regelgröße x_3 zum Zeitpunkt $t_3 = 30$ s nach der Gleichung

$$x_3 = x_2 + K_{IS}\, \frac{y_0 + y_1}{2}\, \Delta t = 0 + 0{,}1\, \frac{1{,}15 + 1{,}42}{2} \cdot 10$$

$$= 1{,}28 \text{ mA}$$

bestimmbar und wird in das Diagramm und in die Tabelle eingetragen.

3. *Schritt*: Aus x_3 ist die Regelabweichung

$$x_{w_3} = w - x_3 = 50 - 1{,}28 = 3{,}72 \text{ mA}$$

zu bestimmen und mit dieser neuen Eingangsgröße am Regler die Stellwirkung y_3 auszurechnen:

$$y_3 = y_{P_3} + y_{I_3} = K_R\, x_{w_3} + \left(y_{I_2} + K_{IR}\, \frac{x_{w_2} + x_{w_3}}{2}\, \Delta t \right)$$

$$= 0{,}23 \cdot 3{,}72 + (0{,}52 + 0{,}53 \cdot 10^{-2} \cdot 0{,}5\,(5{,}0 + 3{,}72) \cdot 10)$$

$$= 1{,}60 \text{ t/h} \,.$$

Damit ist ein Arbeitszyklus beendet, und der neue Wert x_4 läßt sich unter sinngemäßer Anwendung des 2. Schrittes erhalten. Durch zyklische Wiederholung des 2. und 3. Schrittes erhält man dann die weiteren Funktionswerte, die im Diagramm und in der Tabelle aufgeführt sind.

Wie das Ergebnis zeigt, ist das Führungsverhalten dieses Kreises relativ ungünstig. Es entsteht eine Überschwingung von $x_M = 3{,}4$ mA entsprechend 68% des Sollwertsprungs. Aus der Tendenz der Übergangsfunktion $x\,(t)$ zwischen $t = 100$ bis 150 s ist zu erkennen, daß die Schwingung danach schnell abklingt und weitere wesentliche Überschwingungen nicht mehr auftreten werden. Wenn die entstehende erste Überschwingung x_M in dieser Größe nicht zulässig ist, muß der K_{IR}-Wert des Reglers verkleinert oder sogar weggenommen werden. Wie die Auswertung zeigt, ist mit einem PI-Regler an einer I-Strecke ein aperiodisches Führungsverhalten nicht zu erreichen. Verwendet man darum nur einen P-Regler, so muß bei Streckenstörungen z_y eine bleibende Regelabweichung in Kauf genommen werden.

2.6. Wahl der Hilfsenergie und des Gerätesystems

Wenn man von den sog. Direktreglern absieht, die die Hilfsenergie dem
zu regelnden Medium unmittelbar entnehmen, sind die modernen Regel-
geräte, wie Meßwandler, Regler, Verstärker, Zeitglieder und Stellantriebe,
auf eine spezielle Hilfsenergie angewiesen. Es besteht allgemein die Tendenz, möglichst alle Geräte mit einer einzigen Hilfsenergieform zu speisen
und davon nur abzuweichen, wenn zwingende Gründe vorliegen. Bei den
Meßwandlern und Reglern bestehen heute praktisch nur noch zwei Varianten, die elektrische und die pneumatische Hilfsenergie. Auf seiten der
Stellantriebe sind alle drei Hilfsenergieformen anzutreffen.
Als Auswahlgesichtspunkte sind in diesem Zusammenhang die Bewertungs-
faktoren in der Reihenfolge

> Zuverlässigkeit, Leistungsfähigkeit, Wartungsaufwand, Preis und
> Einbaubedingungen

zu berücksichtigen, die in jedem Fall sorgfältig gegeneinander abzuwägen
sind, um eine optimale Gesamtlösung zu finden. Zur Orientierung werden
in den nachstehenden Tafeln einige Bewertungsrelationen angegeben, die
als grobe Durchschnittswerte anzusehen sind. Die in den Tafeln 3 und 4
eingetragenen Prozentzahlen sind auf Geräte mit pneumatischer Hilfsenergie, die gleich 100% gesetzt wurden, bezogen.

*Tafel 3. Bewertungsverhältnisse zwischen Reglern einschl. Meßwandler bei elek-
trischer und pneumatischer Hilfsenergie*

Gesichtspunkt	Hilfsenergie	
	elektrisch	pneumatisch
Betriebssicherheit	150%	100%
Genauigkeit	300%	100%
Preis	200%	100%
Wartungsaufwand	70%	100%
Qualifikation der Wartungs- kräfte	200%	100%

*Tafel 4. Bewertungsverhältnisse zwischen Stellgetrieben mit verschiedenen Hilfs-
energien*

Gesichtspunkt	Hilfsenergie		
	elektrisch	pneumatisch	hydraulisch
Max. Stelleistung	300%	100%	1000%
Max. Stellgeschwindigkeit	25%	100%	200%
Betriebssicherheit	150%	100%	80%
Preis	400%	100%	300%
Wartungsaufwand	50%	100%	200%

Mit der Verbesserung und Vervollständigung der elektrischen Regelsysteme ist deren Anteil in den letzten Jahren erheblich angestiegen. Durch Entwicklung kontaktarmer Bauweisen, Verwendung von Magnetverstärkern, Langlebensdauerröhren und Transistoren konnte die Betriebssicherheit so erhöht werden, daß die früher teilweise berechtigte Abneigung gegen elektrische Geräte heute nicht mehr begründet ist. Die Anpassungs- und Kombinationsfähigkeit dieser Systeme auch in Verbindung mit der Steuerungstechnik und der Meßwertübertragung sowie der Meßwertverarbeitung ist auf andere Weise nicht möglich.

Die großen Vorteile der Pneumatik liegen auf anderen Gebieten. Die Preisgünstigkeit pneumatischer Stellantriebe und Regler ist einer dieser Vorzüge. Ferner ist das pneumatische System für Anlagen mit explosiven Medien eindeutig im Vorteil, weil keine zusätzlichen Aufwendungen für den Ex-Schutz notwendig sind. Voraussetzung jeder pneumatischen Regelungsanlage bleibt jedoch eine einwandfreie Luftaufbereitungsanlage mit Reservestellung, wie man sie nur für Großanlagen errichten kann.

Vollkommen auf hydraulischer Basis beruhende Regelungsanlagen werden in der Verfahrenstechnik nicht mehr angewendet, wenn man von Spezialfällen, wie Dampfturbinenregelungen, Steuerungen von Werkzeugmaschinen und Transporteinrichtungen, absieht. Eine Berechtigung hat die Hydraulik im Rahmen der BMSR-Technik nur noch am Stellantrieb, wenn besonders große Stelleistungen benötigt werden.

3.   Entwurf der Prinziplösung

Auf der Grundlage der im Projektierungsauftrag enthaltenen abgestimmten Aufgabenstellung kann die eigentliche Projektierungsarbeit begonnen werden. In ein sinnvoll vereinfachtes technologisches Schema der Anlage, in dem die Störquellen sowie die Meß- und Stellorte eingetragen sind, gilt es jetzt, die geeignete signalmäßige Verknüpfung einzutragen. Hierbei ist es zunächst noch gleichgültig, welcher Typ der Steuer- oder Reglerfunktion in die Wirkungskette zwischen Meß- und Stellort einzufügen ist. Zur Klärung dieser Frage ist eine individuelle Behandlung und Betrachtung jeder Wirkungskette notwendig. Die dabei zu beachtenden Gesichtspunkte liegen in den Fragestellungen:

    a) Steuerung oder Regelung?

    b) Aufschaltung von Hilfsgrößen?

    c) Zeitverhalten des Reglers?

    d) Stetiger oder unstetiger Reglertyp?

3.1.   Entscheidung über Steuerung oder Regelung

Zur Konstanthaltung oder gesetzmäßigen Beeinflussung einer physikalischen Größe ist nicht unbedingt ein Regelkreis notwendig. Wenn eindeutig festliegt, in welcher Weise und nach welcher Gesetzmäßigkeit die

interessierende Meßgröße x von einer oder mehreren Störgrößen z abhängt,
so ist es durchaus möglich und unter gewissen Voraussetzungen auch sinnvoll, eine Steuerung vorzusehen.

Als Voraussetzungen dieser Verfahrensweise sind zu nennen:

a) Die Störgröße z muß mit einem Meßwertumformer erfaßt werden
   können.
b) Die nicht erfaßbaren Störgrößen dürfen auf die interessierende physikalische Größe x keine wesentlichen Wirkungen ausüben.
c) Die Größe x muß über eine Stellgröße y in definierter Weise schneller
   beeinflußbar sein, als es von der Störung z her möglich ist.

Aus dieser Aufzählung ist bereits zu entnehmen, daß der Geräteaufwand
bei Anwendung einer stetigen Steuerung nicht geringer ist als bei einer
Regelung. Wirtschaftliche Vorteile bietet also eine stetige Steuerung nicht.
Die Vorteile einer Steuerung sind darin zu sehen, daß es auf diese Weise
möglich ist, Stabilitätsprobleme zu vermeiden und auch solche physikalischen Größen annähernd konstant zu halten, deren ständige stetige

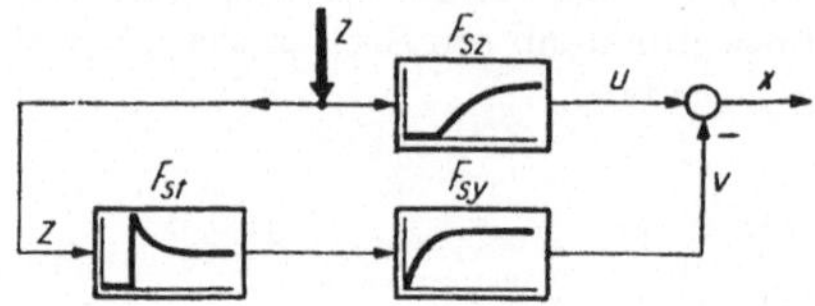

*Bild 27. Steuerschaltung zur Beseitigung der von z hervorgerufenen Störwirkung
auf die Größe x*
F_{Sz} gestörte Strecke; F_{Sy} Stellstrecke; F_{St} Steuergerät

Messung unmöglich ist. Das trifft für solche Größen zu, die z. B. nur als
Laboranalysen zu erhalten sind oder deren automatische Messung nur in
großen Zeitabständen bzw. nur mit untragbar großen Verzögerungen
möglich ist.

Die Bemessung und Auswahl der richtigen Steuereinrichtung und der dazu
geeigneten Steuerfunktion ist durchaus keine leichtere Aufgabe als die
Festlegung eines Reglers. Mit den Bezeichnungen aus Bild 27 lautet die
Bemessungsregel für den Frequenzgang des Steuergeräts:

$$F_{St}(j\omega) = \frac{F_{Sz}(p)}{F_{Sy}(p)} \, .$$

Beispiel:

Mit den Frequenzgängen

$$F_{Sz} = \frac{K_1}{1 + p\,T_1}\, e^{-p\,T_{t1}} \qquad (PT_1T_t\text{-Glied})$$

und

$$F_{Sy} = \frac{K_2}{1 + p\,T_2} \qquad (\text{PT}_1\text{-Glied})$$

folgt für das Steuergerät

$$F_{St} = \frac{K_1}{K_2}\,\frac{1 + p\,T_2}{1 + p\,T_1}\,e^{-p\,T_{t1}}\;.$$

Abgesehen von dem Proportionalfaktor K_1/K_2 ist zu erkennen, daß zur exakten Realisierung dieses Frequenzgangs F_{St} ein PT_1-Glied und ein PD-Glied sowie ein T_t-Glied in Reihe zu schalten sind. Ist die Totzeit T_t klein gegenüber T_1, so kann man auf das Totzeitglied im Steuergerät verzichten, indem die Zeitkonstante des Verzögerungsglieds dann zu $T_1 + T_{t1}$ gewählt wird. Eine weitere Vereinfachung ist möglich, wenn $T_2 \ll T_1$ ist. In diesem Fall kann auch das PD-Glied im Steuergerät entfallen, so daß dann nur noch die relativ einfache Steuerfunktion

$$F_{St} = \frac{K_1}{K_2}\,\frac{1}{1 + p\,(T_1 + T_{t1} - T_2')}$$

zu realisieren ist. Diese Vereinfachungen haben natürlich zur Folge, daß gewisse vorübergehende Abweichungen der Meßgröße von ihrem Soll-Wert in Kauf genommen werden müssen.

3.2.   Zweckmäßigkeit einer Hilfsgrößenaufschaltung

Durch die sinnvolle Aufschaltung von Hilfsgrößen kann der einfache Regelkreis in seiner Qualität auf ein höheres Niveau gebracht werden. Die Wirkung von Störgrößen auf die Regelgröße wird dabei weiter abgeschwächt, als es durch einen idealen PID-Regler im einfachen einschleifigen Kreis möglich ist. So ist die Hilfsgrößenaufschaltung heute in großem Maßstab in fast allen hochwertigen Regelanlagen zu finden. Andererseits ist es unnötig, eine schwierigere Schaltung zur Anwendung zu bringen, als es technisch und ökonomisch notwendig ist. Sind die Störgrößen in ihrer Amplitude oder auch in ihren Frequenzkomponenten so gelagert, daß sie keine wesentliche Belastung des einschleifigen Regelkreises darstellen, so sind zusätzliche Hilfsgrößenaufschaltungen überflüssig.

Als häufig zur Anwendung kommende Methoden der Verbesserung des Regelverhaltens sind zu nennen:

a) die proportionale Störgrößenaufschaltung;

b) die Störgrößenaufschaltung über ein differenzierendes Glied;

c) die Störgrößenkonstanthaltung;

d) die Grob-Fein-Regelung;

e) die Aufschaltung einer Hilfsregelgröße;

f) die Kaskadenschaltung;

g) die Verwendung einer Modellregelstrecke;

h) die Aufschaltung einer Hilfsstellgröße.

In den folgenden Ausführungen werden die Vor- und Nachteile, die Anwendungsbereiche und Bemessungsprinzipien dieser Schaltungen gegeneinander abgegrenzt. Es liegt in der Natur dieser Schaltungen, daß die Abgrenzung nicht immer eindeutig sein wird, weil mehrere Faktoren, wie Realisierbarkeit der Kompensationsglieder, Zeitverhalten der Strecken, Angriffspunkte der Störgrößen, Art des vorgesehenen Reglers und weitere Einflüsse, dabei von Bedeutung sind. Die Ausführungen beschränken sich darum auf das Wesentliche der jeweiligen Schaltung, um die dem Projektanten zur Verfügung stehenden Möglichkeiten darzulegen und entsprechende Anregungen zu vermitteln. Dabei wird vorausgesetzt, daß eine Hauptstörgröße existiert, deren Wirkung auf die Regelgröße möglichst ausgeschaltet werden soll, und daß die weiteren Störgrößen demgegenüber nur eine geringe Auswirkung haben. Generell wird vorausgesetzt, daß der Regelkreis in sich stabil ist und der Regler bereits bezüglich seiner Parameter optimiert wurde.

Die proportionale Hilfsgrößenaufschaltung (Bild 28 und 29)

Prinzip: Die Störgröße z wird über ein Kompensationsglied F_H auf die Stellgröße y aufgeschaltet.

Voraussetzungen: Die Störung z muß im wesentlichen als z_y-Störung anzusehen sein. Die Regelstrecke soll lineares Verhalten zeigen und das Streckenelement F_{S_1} möglichst keine Totzeit enthalten.

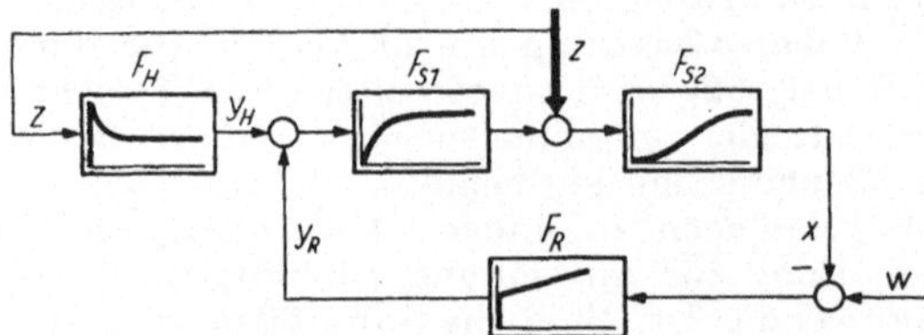

Bild 28. Störgrößenaufschaltung zur Störgröße

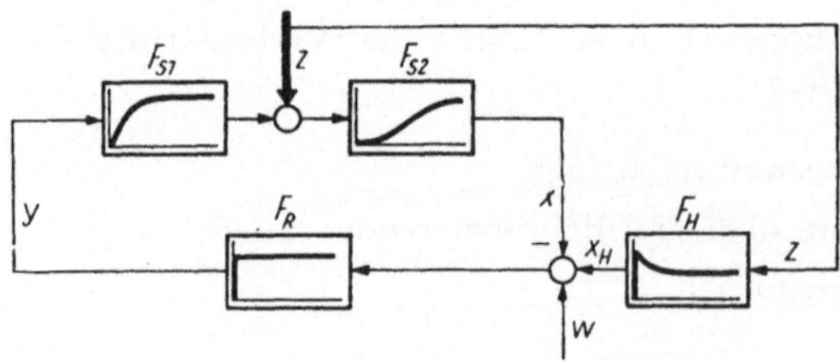

Bild 29. Störgrößenaufschaltung zur Regelgröße

Bemessung: Aus der Übertragungsfunktion

$$\frac{X(p)}{Z(p)} = \frac{F_\mathrm{H} + \dfrac{1}{F_{\mathrm{S}_1}}}{\dfrac{1}{F_{\mathrm{S}_1}\,F_{\mathrm{S}_2}} + F_\mathrm{R}}$$

folgt für $\dfrac{X(p)}{Z(p)} \to 0$

$$F_\mathrm{H} = -\,\frac{1}{F_{\mathrm{S}_1}},$$

die Bestimmungsgleichung für das Kompensationsglied. Da es nur selten möglich ist, diese Gleichung exakt für alle Frequenzen zu erfüllen, hat man darauf zu achten, daß die Gleichung für die in z enthaltenen Frequenzkomponenten erfüllt wird. Wie man sich leicht überzeugen kann, wird F_H nur dann ein reines P-Glied, wenn F_{S_1} ebenfalls ein reines P-Glied ist. Enthält F_{S_1} Verzögerungen, so muß für den vollständigen Ausgleich F_H als PD-Glied ausgelegt werden.

In der Schaltung nach Bild 29 erfolgt die proportionale Störgrößenaufschaltung nicht am Stellort wie im Bild 28, sondern am Reglereingang. Die Voraussetzungen sind wie im vorgenannten Fall. Als Regler kommt hierbei nur ein P-Regler in Frage. Die Bemessungsvorschrift lautet in diesem Fall:

$$F_\mathrm{H} = -\,\frac{1}{F_{\mathrm{S}_1}\,F_\mathrm{R}}.$$

Die Störgrößenaufschaltung über ein differenzierendes Glied (Bild 30)

Prinzip: Die Störgröße z wird über ein geeignetes Kompensationsglied der Form

$$F_\mathrm{H} = K_\mathrm{H}\,\frac{p\,T_\mathrm{H}}{1 + p\,T_\mathrm{H}}$$

auf den Reglereingang geschaltet. Dabei handelt es sich um eine Übergangsfunktion, die auch als „Verschwindimpuls" bezeichnet wird.

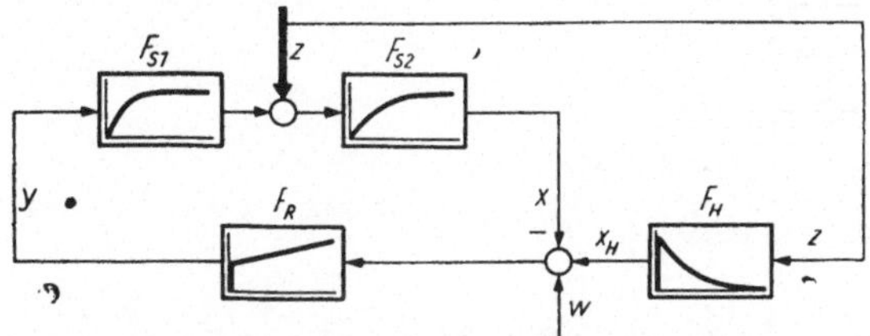

Bild 30. Nachgebende Störgrößenaufschaltung

Voraussetzungen: Die Störgröße soll im wesentlichen als z_y-Störung (Speisestörung) wirksam sein. Das Streckenelement F_{S_1} darf keinen bedeutenden Totzeitanteil haben.

Bemessung: Aus der Übertragungsfunktion

$$\frac{X(p)}{Z(p)} = \frac{F_H + \dfrac{1}{F_{S_1}\,F_R}}{1 + \dfrac{1}{F_{S_1}\,F_{S_2}\,F_R}} \;.$$

folgt für $\dfrac{X(p)}{Z(p)} \to 0$

$$F_H = -\,\frac{1}{F_{S_1}\,F_R}\,,$$

die Bemessungsvorschrift für das Kompensationsglied. Wenn F_{S_1} ein reines P-Glied und F_R einen PI-Regler darstellen, so ergibt sich daraus für F_H ein D-Glied mit Verzögerung erster Ordnung. Fällt F_{S_1} als PT-Glied an, so erhält man für F_H ein D_2-Glied mit Verzögerung zweiter Ordnung.

Vorteile: Bei dieser D-Aufschaltung der Störgröße kann der Regler ein PI-Verhalten haben. Außerdem beeinflussen Linearitätsabweichungen die statische Regelgenauigkeit nicht. Die dynamische Regelgenauigkeit wird wesentlich besser, als es z. B. mit einem PID-Regler allein möglich wäre.

Nachteile: Wenn die Störgröße sehr unruhig ist, wird das Stellglied stark beansprucht. In derartigen Fällen wird diese Schaltung problematisch, wenn man das Störspektrum im Kompensationszweig nicht durch einen geeigneten Tiefpaß begrenzen kann.

Die Störgrößenkonstanthaltung (Bild 31)

Prinzip: Die Störgröße wird vor ihrem Eintritt in die Regelstrecke einer separaten Regelung unterworfen und somit vor Eintritt in die Strecke gedämpft.

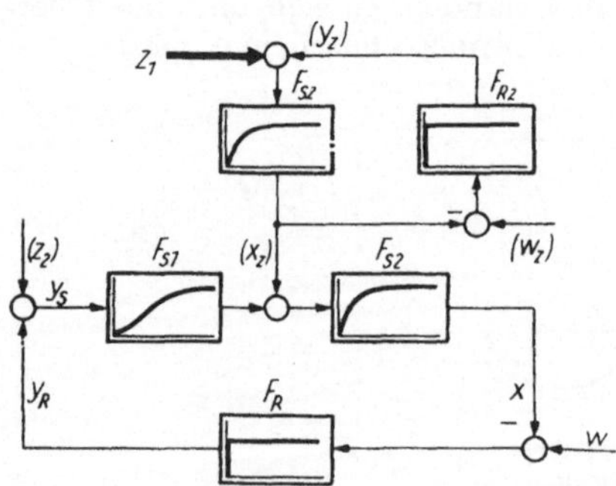

Bild 31. Dämpfung der Störgröße (Störgrößenkonstanthaltung)

Voraussetzungen: Die Hauptstörgröße muß meßbar und beeinflußbar sein, um einen Regler F_{Rz} anschließen zu können.

Bemessung: Die Übertragungsfunktion der Schaltung

$$\frac{X(p)}{Z(p)} = \frac{1}{\left(\dfrac{1}{F_{Sz}} + F_{Rz}\right)\left(\dfrac{1}{F_{S_2}} + F_R F_{S_1}\right)}$$

erreicht um so besser ein Minimum, wenn

$$|\,F_{Rz}\,(j\omega)\,| \gg |\,F_{Sz}\,(j\omega)\,|$$

gewählt werden kann. Dieses Ergebnis bedarf einer Erklärung. In den meisten Fällen wird nur der Hilfsregler F_{Rz} als wählbares Übertragungsglied anzusehen sein. Dabei sind jedoch die Stabilitätsbedingungen für den Hilfsregelkreis F_{Rz} und F_{Sz} einzuhalten, so daß die Bemessung dieser Schaltung mit der üblichen Optimierung eines Regelkreises identisch ist.

Vorteile: Diese Schaltung wirkt dann besonders günstig, wenn die Hauptstörgröße z_1 primär als Ausgangsstörung der Regelstrecke wirkt. Sehr wirtschaftlich ist diese Schaltungsvariante dann zu verwirklichen, wenn als Hilfsregler F_{Rz} ein Regler ohne Hilfsenergie verwendet werden kann. Bereits ein einfacher P-Regler verbessert hierbei die dynamische Regelgenauigkeit ganz beträchtlich.

Die Grob-Fein-Regelung (Bild 32)

Prinzip: Durch Reihenschaltung von zwei Regelkreisen wird eine unerwünschte Störwirkung z_1 in zwei Etappen gedämpft.

Voraussetzungen: Als technische Bedingung ist ein beiden Regelstrecken gemeinsamer Energie- oder Massenstrom notwendig. Es muß auf einfache Weise möglich sein, eine mehrfache Messung und eine mehrfache Stelleinwirkung vorzunehmen.

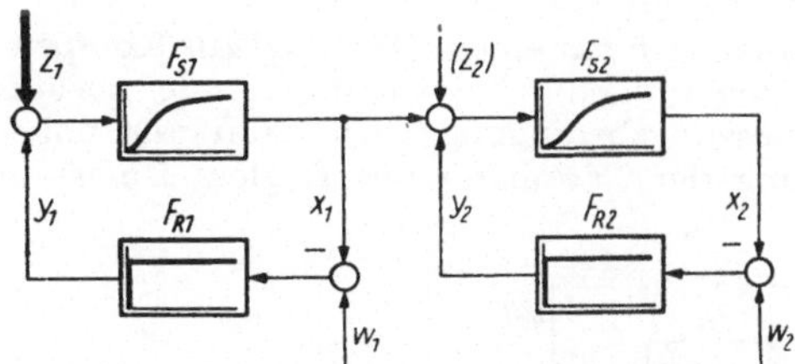

Bild 32. Grob-Fein-Regelung einer Strecke

Bemessung: Die Übertragungsfunktion dieser Schaltung

$$\frac{X_2(p)}{Z_1(p)} = \frac{1}{(1 + F_{R1}\,F_{S_1})(1 + F_{R2}\,F_{S_2})}$$

strebt einem Minimum zu, wenn gleichzeitig

$$|\,F_{R1}\,F_{S_1}\,| \gg 1 \quad \text{und} \quad |\,F_{R2}\,F_{S_2}\,| \gg 1$$

gewählt werden können. Dieses Ergebnis läuft ähnlich wie im vorigen Fall
darauf hinaus, jeden Kreis für sich zu optimieren. Dabei ist zu beachten,
daß die Eigenfrequenzen der beiden Kreise nicht gleich werden.

Die Aufschaltung einer Hilfsregelgröße (Bild 33)

Prinzip: Der Regelstrecke wird eine Hilfsgröße entnommen, um dem
Regler über ein geeignetes Kompensationsglied ein Vorhaltsignal zu vermitteln.

Voraussetzungen: Die Hilfsregelgröße muß die Wirkung der Hauptstörgröße wesentlich schneller anzeigen als die Regelgröße selbst. Das heißt
mit anderen Worten: F_{S_3} enthält die wesentlichen Zeitkonstanten der gesamten Strecke. Die Störgröße muß praktisch als z_y-Störung der Strecke
anzusehen sein.

Bemessung: Die Übertragungsfunktion dieser Schaltung bezüglich der
Wirkung von z_1 auf x

$$\frac{X(p)}{Z_1(p)} = \frac{\dfrac{F_{S_3}}{F_{S_1} F_R}}{(F_H + F_{S_3}) + \dfrac{1}{F_{S_1} F_{S_2} F_R}}$$

strebt einem Minimum zu, wenn

$$F_H(j\omega) = K_{S_3} - F_{S_3}(j\omega)$$

gewählt wird. Dieses Ergebnis läßt sich so deuten, daß dem Streckenelement F_{S_3} ein Kompensationsglied parallelzuschalten ist, das so beschaffen ist, daß die Parallelschaltung wie ein P-Glied mit dem Über-
tragungsfaktor K_{S_3} wirkt. Ist $F_{S_3} = \dfrac{K_{S_3}}{1 + p\, T_{S_3}}$, so gilt für das Kompensationsglied $F_H = K_{S_3} \dfrac{p\, T_{S_3}}{1 + p\, T_{S_3}}$, das leicht zu verwirklichen ist. Von
Ausnahmen abgesehen, begnügt man sich mit einem DT-Glied zur Kompen-
sation, auch dann, wenn F_{S_3} Verzögerungen höherer Ordnung oder zusätzlich eine Totzeit hat. Die Bemessungsbedingung wird dann nur näherungsweise erfüllt. Die Festlegung der Parameter des Reglers F_R ist in

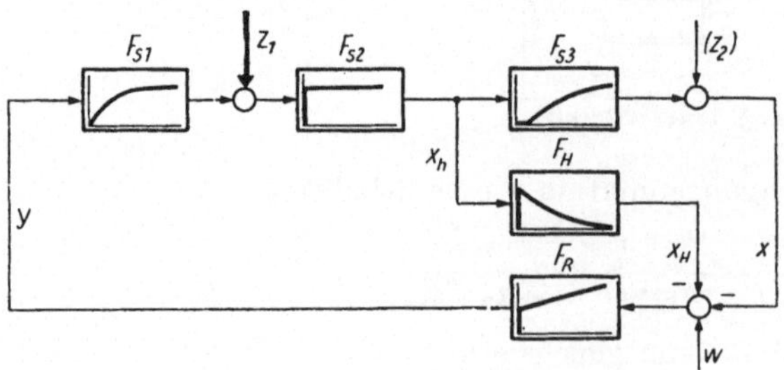

Bild 33. Aufschaltung einer Hilfsregelgröße

dieser Schaltung nicht mehr unabhängig vom Hilfsgrößeneinfluß. Das Kompensationsglied F_H bestimmt entscheidend die Reglereinstellung, weil es eine Zeitkonstante der Regelstrecke kompensiert und damit die Ordnung der Regelstrecke scheinbar vermindert.

Die Kaskadenschaltung (Bild 34)

Prinzip: Der Regelstrecke wird eine Hilfsregelgröße x_h entnommen und einem Folgeregler F_{R_1} zugeführt. Die Führungsgröße für den Folgeregelkreis bestimmt der vorgeschaltete Führungsregler F_{R_2}, der seinerseits von der eigentlichen Regelgröße x und dem Soll-Wert w beaufschlagt ist.

Voraussetzungen: Die Hauptstörgröße z_1 muß als Eingangsstörung z_y wirken. Die Regelstrecke $F_{\mathrm{S}_1} F_{\mathrm{S}_2}$ muß durch die Entnahmestelle der Hilfsregelgröße so aufgeteilt werden, daß die wesentlichen Verzögerungen in F_{S_2} enthalten sind.

Bemessung: Aus der Gesamtübertragungsfunktion der Schaltung

$$\frac{X(p)}{Z_1(p)} = \frac{1}{\dfrac{F_\mathrm{H} F_{\mathrm{R}_1}}{F_{\mathrm{S}_2}} + F_{\mathrm{R}_1} F_{\mathrm{R}_2} + \dfrac{1}{F_{\mathrm{S}_1} F_{\mathrm{S}_2}}}$$

ist eine allgemeine Bemessungsvorschrift nicht erkennbar. Nur im speziellen Fall, bei gegebenen Werten für F_{S_1}, F_{S_2} und F_H, kann eine günstige Bestimmung der Reglerparameter vorgenommen werden. Dies erfolgt in der Weise, daß zuerst der schnelle Folgekreis $F_{\mathrm{S}_1} - F_\mathrm{H} - F_{\mathrm{R}_1}$ für sich allein betrachtet, auf Störverhalten z_y optimiert wird. Der so bestimmte Folgekreis wird dann als Übertragungsglied betrachtet, das in Reihe mit dem Streckenteil F_{S_2} liegt, und für diese Anordnung wird der Regler F_{R_2} auf Störverhalten z_x optimiert. Die Optimierung eines Kreises auf z_x-Störungen ist identisch mit der Optimierung auf Führungsverhalten (s. Abschn. 3.3.).

Vorteile: Den Vorteil der Kaskadenschaltung erkennt man durch Vergleich mit dem Störverhalten eines einschleifigen Kreises. Dazu wird im Bild 34 $F_\mathrm{H} = 0$ und $F_{\mathrm{R}_1} = 1$ gesetzt. Die Übertragungsfunktion für das Störverhalten lautet dann

$$\frac{X(p)}{Z_1(p)} = \frac{1}{F_{\mathrm{R}_2} + \dfrac{1}{F_{\mathrm{S}_1} F_{\mathrm{S}_2}}} \cdot$$

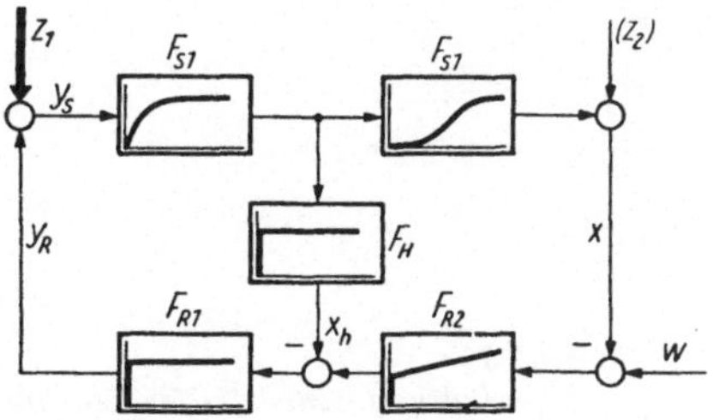

Bild 34. Kaskadenschaltung

Daraus ist näherungsweise abzulesen, daß die Kaskadenschaltung das Störverhalten mindestens um den Wert des P-Faktors des Folgereglers verbessert.

Die Verwendung einer Modellregelstrecke (Bild 35)

Prinzip: Der Regelkreis wird über eine Modellregelstrecke geschlossen, die den gleichen Stell- und Störwirkungen wie die Originalstrecke ausgesetzt ist.

Voraussetzungen: Diese Schaltung wird verwendet, wenn x nicht ständig meßbar ist, jedoch über ein mathematisches und physikalisches Modell als proportionales Abbild x_M gewonnen werden kann. Dazu ist erforderlich, daß die wesentlichen Störgrößen entweder direkt oder über Meßwertumformer auf das Modell wirken können.

Bemessung: Aus der Übertragungsfunktion dieser Schaltung

$$\frac{X\,(p)}{Z_1\,(p)} = \frac{F_{S_2}}{1 + F_{S_1}\,F_R\,F_{SM}}$$

ist zu entnehmen, daß der Betrag der Übertragungsfunktion $|F_{SM}|$ möglichst groß gegen den Betrag der Funktion des Streckenteils $|F_{S_2}|$ im interessierenden Frequenzbereich zu wählen ist, damit $\dfrac{X}{Z_1}$ möglichst klein wird. Für die Übergangsfunktion des Modells sind danach möglichst kleine Zeitkonstanten, gemessen an denen der Strecke, anzustreben.

Die Aufschaltung einer Hilfsstellgröße (Bild 36)

Prinzip: Die Regelstrecke wird zusätzlich einer Hilfsstellgröße y_h unterworfen, die in der Lage ist, die Regelgröße vorübergehend schneller zu korrigieren, als es durch die Hauptstellgröße y_R möglich ist.

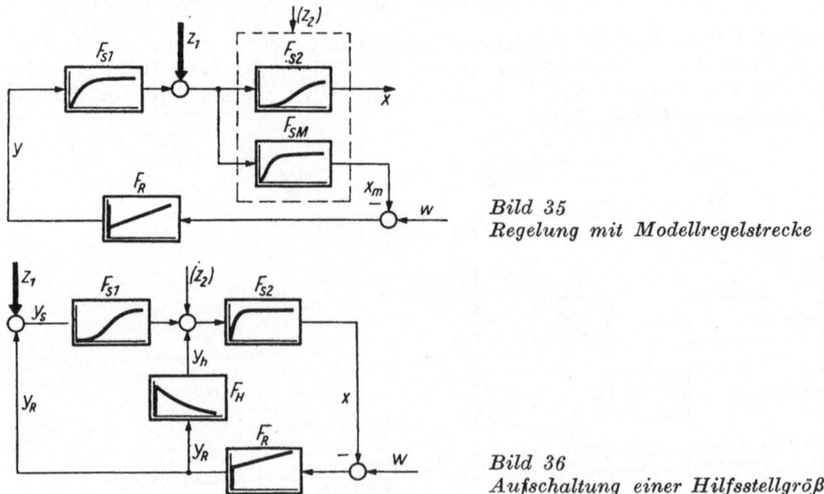

Bild 35
Regelung mit Modellregelstrecke

Bild 36
Aufschaltung einer Hilfsstellgröße

Voraussetzungen: Es muß die Möglichkeit bestehen, einen zweiten Stellort an der Strecke wirksam werden zu lassen, der die Strecke so aufteilt, daß die wesentlichen Verzögerungen der Strecke im Teil F_{S_1} zwischen Hauptstellgröße und Hilfsstellgröße liegen.

Bemessung: Die Übertragungsfunktion dieser Schaltung für das Störverhalten z_y lautet

$$\frac{X(p)}{Z_1(p)} = \frac{1}{\dfrac{1}{F_{S_2}} + F_R(F_{S_1} + F_H)} \; .$$

Dieser Ausdruck strebt einem Minimum zu, wenn das Kompensationsglied so bemessen wird, daß

$$F_H(j\omega) = K_{S_1} - F_{S_1}(j\omega)$$

gilt. Ähnlich wie im Fall der Verwendung einer Hilfsregelgröße ist auch hier dafür zu sorgen, daß die Parallelschaltung von F_{S_1} und F_H wie ein P-Glied wirkt. Die Problematik, ein geeignetes Kompensationsglied zu finden, wenn F_{S_1} eine Totzeit oder mehrere Zeitkonstanten enthält, besteht auch hier.

Zusammenfassend werden in der Tafel 5 einige Auswahlrichtlinien für die geeignete Variante der Verbesserung eines Regelkreises durch Hilfsgrößenaufschaltung gegeben.

Mit den bisher behandelten Schaltungen sind natürlich nicht alle Möglichkeiten ausgeschöpft. So gibt es z. B. für Standregelungen die oft benutzte Methode der Dreikomponentenregelung (Aufschaltung von zwei Störgrößen in Differenzschaltung) oder für die Regelung von Destillationsprozessen die Methode der „Überkreuzregelung" als Verfahren, die an spezielle Technologien gebunden sind. In ökonomischer Hinsicht bleibt zu bemerken, daß die Anwendung einer durch Hilfsgrößen verbesserten Regelung fast immer teurer wird als der einschleifige Kreis.

Dafür sind jedoch erhebliche Verbesserungen der Regelgüte zu erreichen, wie die folgenden Ausführungen mit den dazugehörigen Bildern 37 bis 44 zeigen.

Rechenbeispiele

Als *Beispiel 1* wird nachstehend für eine Störgrößenaufschaltung über ein differenzierendes Glied der Rechnungsgang angegeben (s. Bild 30). Gemessen wurden die beiden Übertragungsfunktionen der Strecke

$$F_{S_1} = \frac{K_{S_1}}{1 + p\,T_{S_1}} \; , \qquad F_{S_2} = \frac{K_{S_2}}{1 + p\,T_{S_2}}\, e^{-pT_{t_2}}$$

mit den Kennwerten

$$K_{S_1} = 3{,}0, \quad K_{S_2} = 2{,}5, \quad T_{S_1} = 8\,\text{s}, \quad T_{S_2} = 85\,\text{s}, \quad T_{t_2} = 23\,\text{s} \; .$$

Tafel 5. Voraussetzungen für die Verbesserung der Regelung durch Hilfsgrößenaufschaltung

Schaltungsprinzip	Störart		Störgröße ist		Regelgröße ist		Hilfsregelgröße ist meßbar	Hilfsstellgröße ist einzurichten
	z_x	z_y	meßbar	nicht meßbar	meßbar	nicht meßbar		
Störgrößenaufschaltung	—	+	+	—	+	—	—	—
Störgrößenkonstanthaltung	+	(+)	+	—	+	—	—	+
Grob-Fein-Regelung	—	—	—	+	+	—	+	+
Hilfsregelgrößenaufschaltung	—	+	—.	+	+	—	+	—
Kaskadenschaltung	—	+	—	+	+	—	+	—
Modellregelstrecke	—	+	+	—	—	+	—	+
Hilfsstellgrößenaufschaltung	+	—	—	+	+	—	—	—
Steuerung einer Größe	—	+	+	—	(+)	+	—	(+)

Tafelzeichen: + geeignet; (+) bedingt geeignet; — ungeeignet

Aus den Gleichungen für die Bestimmung der Parameter des PI-Reglers (Tafel 6) für eine PT_1Tt-Strecke mit z_y-Störung folgt

$$K_R = \frac{0{,}6\,T_{S2}}{K_{S_1,_2}\,T_t} = \frac{0{,}6 \cdot 85}{3{,}0 \cdot 2{,}5 \cdot 23} = \underline{0{,}295}\ ,$$

$$K_{IR} = \frac{0{,}15\,T_{S2} + 0{,}36\,T_{t2}}{K_S\,1{,}2 \cdot T_{t2}^{\,2}} = \frac{0{,}15 \cdot 85 + 0{,}36 \cdot 23}{7{,}5 \cdot 23^2} = 5{,}3 \cdot 10^{-3}\,\frac{1}{s}\ .$$

Dabei wurde die kleine Zeitkonstante T_{S1} vernachlässigt. Die Bestimmungsgleichung für die Übertragungsfunktion F_H des Gliedes im Signalfluß der Störgröße z lautet in diesem Fall

$$F_H = -\frac{1}{F_{S_1}\,F_R} = -\frac{1}{\dfrac{K_{S_1}}{1 + p\,T_{S_1}}\left(K_R + \dfrac{1}{p}\,K_{IR}\right)}\ .$$

Durch Umrechnung erhält man

$$F_H = -\frac{p\left(\dfrac{1}{K_{S_1}\,K_{IR}} + p\,\dfrac{T_{S_1}}{K_{S_1}\,K_{IR}}\right)}{1 + p\,\dfrac{K_R}{K_{IR}}}\ .$$

Diese Funktion ist mit üblichen Zeitgliedern nicht zu verwirklichen. Es ist notwendig, eine weitere Näherung einzuführen, indem auch hier $T_{S_1} = 0$ gesetzt wird. Dann nimmt F_H die Form eines differenzierenden Gliedes mit Verzögerung 1. Ordnung an.

$$F_H \approx -\frac{p\,\dfrac{1}{K_{S_1}\,K_{IR}}}{1 + p\,\dfrac{K_R}{K_{IR}}}$$

$$= -\frac{1}{K_{S_1}\,K_R}\,\frac{p\,\dfrac{K_R}{K_{IR}}}{1 + p\,\dfrac{K_R}{K_{IR}}} = K_H\,\frac{p\,T_H}{1 + p\,T_H}\ .$$

Daraus folgt für die Parameter des Zeitglieds K_H und T_H:

Übertragungsfaktor $\quad K_H = \dfrac{1}{K_{S_1}\,K_R} = \dfrac{1}{3{,}0 \cdot 0{,}295} = \underline{1{,}13}\ ,$

Zeitkonstante $\quad\quad T_H = \dfrac{K_R}{K_{IR}} = \dfrac{0{,}295}{5{,}3 \cdot 10^{-3}} = \underline{56\ s}\ .$

Als *Beispiel 2* wird der Fall der Benutzung einer Hilfsregelgröße behandelt (s. Bild 33). Die Bemessungsgleichung für die Übertragungsfunktion des Gliedes F_H im Signalfluß der Hilfsregelgröße x_h lautet

$$F_\mathrm{H} = K_{\mathrm{S}_3} - F_{\mathrm{S}_3} \ .$$

Gemessen wurde

$$F_{\mathrm{S}_3} = \frac{K_{\mathrm{S}_3}}{1 + p\,T_{\mathrm{S}_3}}\ \mathrm{e}^{-p\,T_{\mathrm{t}_3}}$$

mit

$$K_{\mathrm{S}_3} = 0{,}63, \quad T_{\mathrm{S}_3} = 135\,\mathrm{s}, \quad T_{\mathrm{t}_3} = 10\,\mathrm{s}\ .$$

Die Totzeit T_{t_3} wird mit zur Zeitkonstante T_{S_3} gerechnet und mit einer Ersatzzeitkonstante $T^*_{\mathrm{S}_3} = T_{\mathrm{S}_3} + T_{\mathrm{t}_3} = 145\,\mathrm{s}$ gearbeitet.

$$\begin{aligned}
F_\mathrm{H} &= K_{\mathrm{S}_3} - \frac{K_{\mathrm{S}_3}}{1 + p\,T^*_{\mathrm{S}_3}} \\[2mm]
&= \frac{K_{\mathrm{S}_3}\,(1 + p\,T^*_{\mathrm{S}_3}) - K_{\mathrm{S}_3}}{1 + p\,T^*_{\mathrm{S}_3}} \\[2mm]
&= \frac{K_{\mathrm{S}_3}\,p\,T^*_{\mathrm{S}_3}}{1 + p\,T^*_{\mathrm{S}_3}} = \frac{0{,}63\,p\,145}{1 + p\,145}\ .
\end{aligned}$$

Damit sind die für F_H notwendigen Parameter bestimmt. Der Übertragungsfaktor K_H und die Zeitkonstante T_H des differenzierenden Zeitgliedes mit Verzögerung 1. Ordnung lauten

$$K_\mathrm{H} = 0{,}63\ , \quad T_\mathrm{H} = 145\,\mathrm{s}\ .$$

Demonstrationsbeispiele[1])

Für die folgenden Beispiele wurde eine aufgeteilte Regelstrecke dritter Ordnung mit

$$F_\mathrm{S} = \frac{1}{1 + 4{,}2\,p}\ \frac{1}{1 + 7\,p}\ \frac{1}{1 + 7\,p}$$

nachgebildet, mit einem P- bzw. PI-Regler zusammengeschaltet und den verschiedenen Möglichkeiten der Hilfsgrößenaufschaltung unterworfen. Die für die *Regelgröße x* jeweils bei sprungförmiger Störgrößeneinwirkung $z = 5{,}0\,\mathrm{mA}$ erhaltenen Übergangsfunktionen sind in den folgenden Bildern dargestellt. Diese Bilder sind so beschriftet, daß sie für sich sprechen und eigentlich keiner weiteren Erklärung bedürfen. Zum schnelleren Verständnis sei jedoch gestattet, jedem Bild eine Diagrammbeschreibung und einige Hinweise auf Besonderheiten beizufügen.
Die Festlegung der Reglerparameter erfolgte für die gewählte Strecke experimentell. Dabei wurde angestrebt, ein gut gedämpftes Einschwingen der Regelgröße x, nahe dem aperiodischen Grenzfall, zu erreichen.

[1]) Diese Beispiele sind dem Aufsatz entnommen *Schöpflin, H.:* Verbesserung der Regelgüte durch Hilfsgrößenaufschaltung. msr ap 7 (1964), S. 96—99.

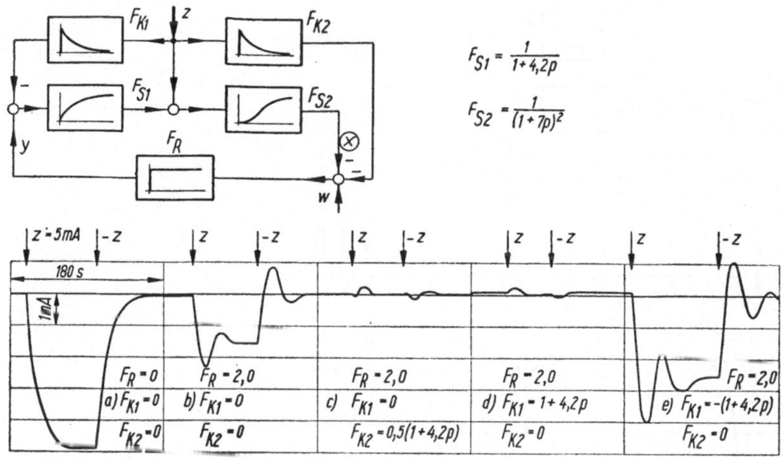

Bild 37. *Proportionale Störgrößenaufschaltung mit PD-Gliedern (auch DT Glieder für F_K sind möglich)*

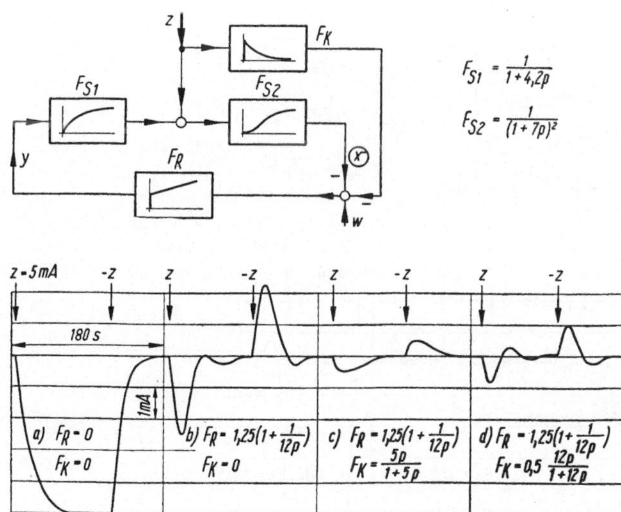

Bild 38. *Differenzierende Aufschaltung der Störgröße*

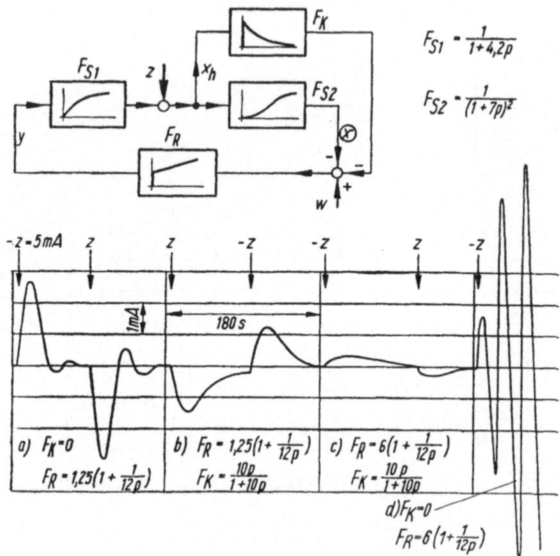

Bild 39. *Aufschaltung einer Hilfsregelgröße*

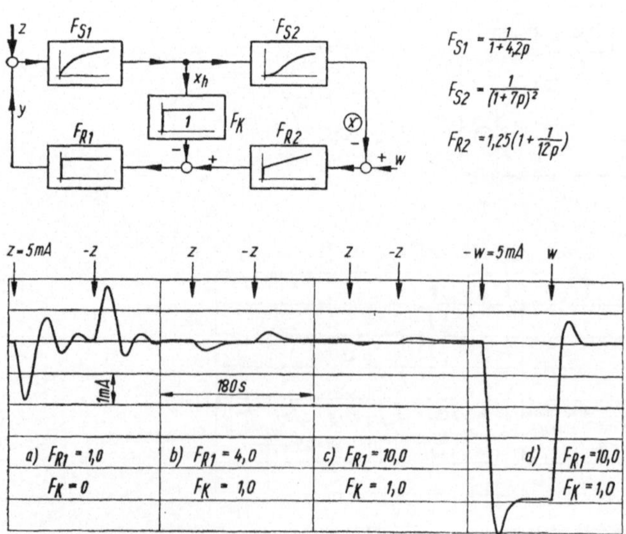

Bild 40. *Kaskadenschaltung*

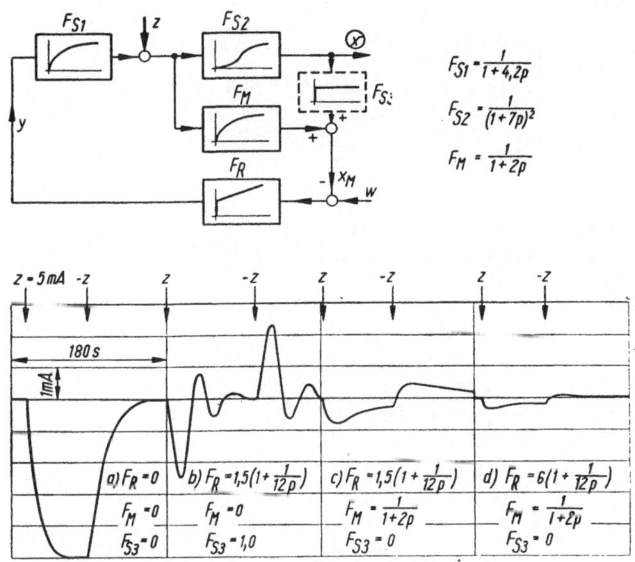

Bild 41. Verwendung einer Modellregelstrecke

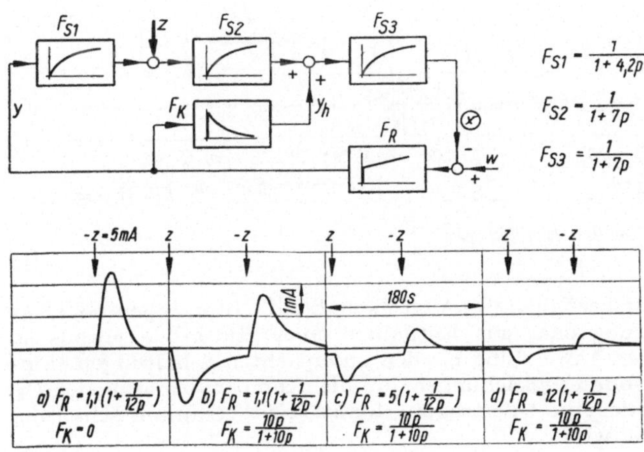

Bild 42. Aufschaltung einer Hilfsstellgröße

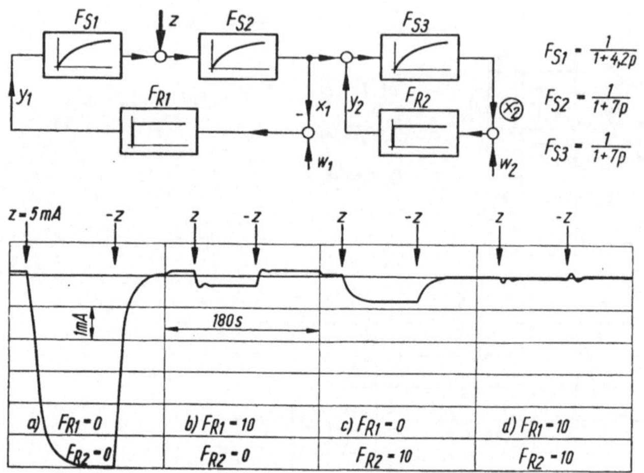

Bild 43. Grob-Fein-Regelung

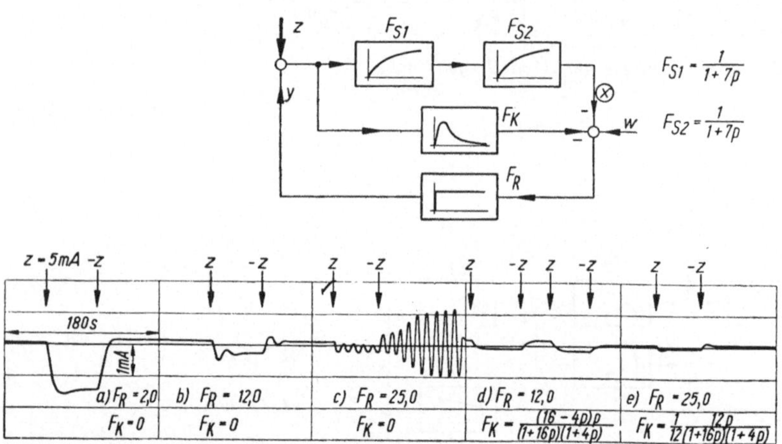

Bild 44. Kompensation der Regelstrecke

Die Regelstrecke ist bezüglich des Angriffspunkts der Störgrößen oder zur Hilfsgrößeneinspeisung oder zur Entnahme einer Hilfsgröße jeweils so aufgeteilt, wie es zur Anwendung bei den untersuchten Schaltungen sinnvoll ist. Die Bestimmungsgleichungen für die Kompensationsglieder F_K werden erhalten, indem die Übertragungsfunktion der gesamten Schaltung $X(p)/Z(p)$ gebildet wird.

Ziel der Hilfsgrößenaufschaltung ist es, diese Funktion möglichst durch geeignete Wahl von $F_K(p)$ zu Null zu machen. Das bedeutet dann, daß z auf x keine Wirkung mehr ausüben kann. Leider ist die exakte Erreichung dieses Zieles aus verschiedenen Gründen nicht möglich. Aber schon die näherungsweise Realisierung der errechneten Bedingung verbessert die Regelgüte merklich, wie die folgenden Bilder zeigen werden. Es wurden hier zur Erzeugung der Kompensationsfunktion nur PD-, PDT_1-, DT_1- und DT_2-Glieder benutzt.

Proportionale Aufschaltung der Störgröße

1. Proportionale Aufschaltung der Störgröße auf den Reglereingang

Die Strecke ist so aufgeteilt, daß die Störgröße z nach dem ersten Verzögerungsglied F_{S_1} angreift. Für das Kompensationsglied gilt die Bestimmungsgleichung

$$F_{K_2} = \frac{1}{F_{S_1}\, F_K} = 0{,}5\,(1 + 4{,}2\,p)\,,$$

wenn als Regler F_R ein P-Glied mit $F_R = 2{,}0$ benutzt wird. Bild 37a zeigt die Wirkung der Störgröße $z = 5$ mA auf die Regelgröße an der ungeregelten Strecke, also die Sprung-Übergangsfunktion von F_{S_2}. Die Abweichung beträgt für die Größe x ebenfalls 5 mA, da der Übertragungsfaktor von F_{S_2} zu eins gewählt wurde. Bild 37b zeigt die Verbesserung durch Einschalten des P-Reglers; die bleibende Regelabweichung beträgt nur noch 1,5 mA. Nach Wegnahme der Störung geht x wieder auf seinen Ausgangszustand zurück. Das Einfügen des Kompensationsglieds F_{K_2} in Bild 37c verbessert die Regelgüte so, daß eine bleibende Regelabweichung nicht mehr auftritt. Es verbleibt wegen der unvermeidlichen Ungenauigkeiten lediglich eine vorübergehende Abweichung von 0,2 mA.

2. Proportionale Aufschaltung der Störgröße auf die Stelleinrichtung

Bild 37d liegt eine andere Schaltungsstruktur zugrunde. Hier wurde F_{K_2} herausgenommen und dafür F_{K_1} eingeschaltet mit

$$F_{K_1} = \frac{1}{F_{S_1}} = 1 + 4{,}2\,p\,.$$

Das Ergebnis zeigt hier eine wesentliche Verbesserung der Regelgüte. Wenn jedoch die Störgröße in falscher Polung aufgeschaltet wird, wie im Bild 37e gezeigt, so tritt, wie zu erwarten war, eine Verschlechterung der Regelgüte ein. Es ist also nicht nur die Bemessung des Kompensationsglieds wichtig, sondern natürlich auch der richtige Wirkungssinn der Signale.

Differenzierende Aufschaltung der Störgröße auf den Reglereingang

Auch bei Verwendung eines PI-Reglers in der Regelschleife ist die Störgrößenaufschaltung anwendbar. Da jedoch der PI-Regler allein eine bleibende Regelabweichung verhindert, darf dann das Kompensationsglied keine proportionale Komponente mehr haben. Das Bild 38a und b zeigt in den jeweiligen Diagrammteilen wieder die Wirkung der Störgröße z

an der ungeregelten und geregelten Strecke. Die vorübergehende maximale Regelabweichung beträgt 2,5 mA (Bild 38b). Die Bemessungsgleichung für das Kompensationsglied

$$F_\mathrm{K} = \frac{1}{F_{\mathrm{S}_1}\, F_\mathrm{R}} = \frac{1}{(1 + 4{,}2\,p) \cdot 1{,}25 \left(1 + \dfrac{1}{12\,p}\right)}$$

führt auf ein DT_2-Glied. Es wurde jedoch nur näherungsweise mit einem DT_1-Glied gearbeitet, welches experimentell zur

$$F_\mathrm{K} = \frac{5\,p}{1 + 5\,p}$$

bestimmt wurde.

Das Ergebnis ist aus Bild 38c ersichtlich. Trotz der Näherung beträgt die vorübergehende Regelabweichung nur noch 0,5 mA gegenüber 2,5 mA ohne Störgrößenaufschaltung. Unter Bild 38d ist eine andere Näherung für F_K betrachtet worden, die jedoch nicht so gute Ergebnisse liefert.

Aufschaltung einer Hilfsregelgröße auf den Reglereingang

Wenn die Störgröße z selbst nicht meßbar ist, jedoch dafür eine Hilfsregelgröße x_h erfaßbar ist, kann die Schaltung nach Bild 39 angewendet werden. Das Kompensationsglied F_K ist so zu bestimmen, daß die Parallelschaltung von F_{S_2} und F_K möglichst wie ein reines P-Glied wirkt.

$$F_\mathrm{K}(p) = K_{\mathrm{S}_2} - F_{\mathrm{S}_2}(p) = 1 - \frac{1}{(1 + 7\,p)^2} = \frac{14\,p + 49\,p^2}{(1 + 7\,p)^2}\,.$$

Die exakte technische Realisierung dieses Ergebnisses als differenzierendes Glied von 2. Ordnung ist schwierig.

Voraussetzungsgemäß wird ein DT_1-Glied verwendet mit der Übertragungsfunktion

$$F_\mathrm{K}(p) = \frac{10\,p}{1 + 10\,p}\,.$$

Die Diagramme im Bild 39 zeigen die damit erzielten Ergebnisse. Bei unveränderter Einstellung des PI-Reglers verringert sich die maximale Regelabweichung von 3,0 auf 1,5 mA (Bild 39b). Eine merkliche weitere Verbesserung wurde durch Erhöhung der Kreisverstärkung erzielt, indem der P-Wert des Reglers von 1,25 auf 6,0 gestellt wurde (Bild 39c). Das Abschalten des Kompensationsglieds führt dann allerdings mit dieser Reglereinstellung sofort zu einer Instabilität (Bild 39d).

Verwendung der Kaskadenschaltung

Mit der gleichen Strecke wurde durch Verwendung von zwei Reglern F_{R_1} und F_{R_2} und Einschaltung des proportional wirkenden Hilfsglieds F_K die Kaskadenschaltung aufgenommen. Der Angriffspunkt der Störgröße z wurde auf den Eingang des Streckenelements F_{S_1} umgeschaltet, weil das den üblichen Anwendungsfällen der Kaskadenschaltung besser entspricht.

Die Gesamtübertragungsfunktion der Schaltung zwischen den Signalen x und z lautet:

$$\frac{X(p)}{Z(p)} = \frac{F''_{S_1}\, F_{S_2}}{1 + F_{R_1}\, F_{R_2}\, F_{S_1}\, F_{S_2} + F_{R_1}\, F_K\, F_{S_1}} \; .$$

Dieser Ausdruck wird um so kleiner, je größer die Übertragungsfaktoren von F_{R_1} und F_K gewählt werden können. Begrenzt wird diese Zielstellung durch die dynamische Stabilität des Folgeregelkreises.
Der Diagrammanfang (Bild 40a) stellt das Verhalten des einschleifigen Kreises ($F_K = 0$; $F_{R_1} = 1{,}0$) dar. Die maximale Regelabweichung beträgt hier für die Eingangsstörung $z = 5{,}0$ mA, $x = 1{,}8$ mA. Durch Einschalten des Hilfszweigs mit F_K und Erhöhung des P-Faktors vom Folgeregler F_{R_1} wird die Regelgüte so verbessert, daß nur noch ein $x = 0{,}3$ mA zu verzeichnen ist (Bild 40b). Die weitere Erhöhung der Kreisverstärkung des Folgeregelkreises ist möglich, wie Bild 40c zeigt. Die maximale Regelabweichung infolge der Sprungstörung am Streckeneingang beträgt dann nur noch $x_M = 0{,}1$ mA. Um in dieser Schaltung und Einstellung auch das Führungsverhalten zu prüfen, wurden noch zwei Führungssprünge $w = 5$ mA mit unterschiedlicher Wirkungsrichtung aufgeschaltet (Bild 40d).

Einschaltung einer Modellregelstrecke

Besteht die Möglichkeit anstelle der Regelgröße eine Modellregelgröße zu messen, die als proportionales Abbild von x angesehen werden kann, so läßt sich die Regelgüte verbessern, wenn die Modellstrecke günstigere dynamische Eigenschaften hat als die Originalstrecke. Dabei sei vorausgesetzt, daß die Modellstrecke ebenfalls den Stör- und Stelleinwirkungen unterliegt und ihre Zeitkonstanten kleiner oder von geringerer Ordnung sind. Im Bild 41 sind der Reihe nach die Übergangsfunktionen der ungeregelten, der mit PI-Regler geregelten Strecke und der über das Modellglied mit $F_M = \dfrac{1}{1 + 2\,p}$ geregelten Strecke, bei zwei verschiedenen Reglereinstellungen, dargestellt. Die Ergebnisse sind ohne weitere Beschreibung aus dem Kurvenverlauf zu entnehmen.

Aufschaltung einer Hilfsstellgröße y_h

Diese Methode bietet sich an, wenn über eine Hilfsstellgröße die Regelgröße wesentlich schneller zu beeinflussen ist als über die Stellgröße selbst. Aus der Gesamtübertragungsfunktion dieser Schaltung

$$\frac{X(p)}{Z(p)} = \frac{F_{S_2}}{\dfrac{1}{F_{S_2}} + F_R\,(F_K + F_{S_1}\, F_{S_2})}$$

kann entnommen werden, daß $X(p)/Z(p)$ bis zu einer gewissen Grenzfrequenz einem Minimum zustrebt, wenn die Parallelschaltung ($F_K + F_{S_1}\, F_S$) reell wird, d. h. wie ein P-Glied wirkt. Dieses Ziel wurde hier wieder näherungsweise durch

$$F_K = \frac{10\,p}{1 + 10\,p}$$

mit einem DT_1-Glied verwirklicht. Das Diagramm im Bild 42 läßt erkennen, daß die Einschaltung von F_K allein noch keine wesentliche Verbesserung mit sich bringt. Die Amplitude im Bild 42b ist gegenüber Bild 42a zwar etwas kleiner geworden, jedoch hat sich dafür die Ausregelzeit vergrößert. Erst die durch das Einfügen von F_K mögliche Vergrößerung des Übertragungsfaktors des Reglers von 1,1 auf 5,0 und 12,0 im Bild 42c und d führt auf die angestrebte wesentliche Verbesserung der Regelgüte.

Grob-Fein-Regelung

Durch die Reihenschaltung von zwei oder mehreren Regelkreisen an der gleichen, jedoch aufgeteilten Regelstrecke, sind bereits mit einfachen P-Reglern häufig gute Ergebnisse zu erzielen. Wenn in den beiden Einzelkreisen die Kreisverstärkungen groß genug eingestellt werden können, wie hier im Beispiel auf den Wert 10, so tritt eine merkliche bleibende Regelabweichung für die interessierende Regelgröße x_2 nicht mehr in Erscheinung. Nach der Übergangsfunktion der ungeregelten Strecke sind im Bild 43b und c die beiden Regelkreise wechselseitig in Betrieb. Die Übergangsfunktionen der Gesamtschaltung bei Einwirkung von Sprungstörungen $z = 5,0$ mA sind im Bild 43d nur noch als geringfügige Auslenkungen zu erkennen.

Kompensation der Regelstrecke

Tritt die Hauptstörgröße z am Streckeneingang in Erscheinung, so läßt sich bei einfachen Streckentypen eine Parallelkompensation der Strecke vornehmen. Das Kompensationsglied F_K ist so zu bestimmen, daß die Parallelschaltung $F_K + F_{S_1} F_{S_2}$ möglichst wie ein P-Glied wirkt. Je besser das gelingt, um so höher kann der Übertragungsfaktor vom hier verwendeten P-Regler eingestellt werden und um so besser wird die erreichbare Regelgüte. Auch kleine Totzeitanteile können näherungsweise dabei mitkompensiert werden. Ohne Kompensationsglied wurde für die Diagramme im Bild 44a bis c der Übertragungsfaktor des Reglers von 2,0 auf 12,0 und dann auf 25,0 gesteigert. Dabei wird die Stabilitätsgrenze erreicht, so daß diese Einstellung praktisch nicht brauchbar wäre. Nach Einfügen des experimentell eingestellten Kompensationsglieds

$$F_K = \frac{(16 - 4)\, p}{(1 + 16\, p)\,(1 + 4\, p)}$$

ist die Schwingneigung (Bild 44d und e) beseitigt. Eine weitere Erhöhung des Reglerparameters über 25,0 hinaus ist noch möglich.

3.3. Auswahl des geeigneten Reglers und Bemessung der Parameter[1])

Sieht man einmal von den selbstverständlichen Voraussetzungen ab, die darin bestehen,

> daß die von dem Meßwertumformer oder dem Meßfühler selbst gelieferten Signale bezüglich ihrer Größe und Signalart zum Regler passen müssen,

[1]) Siehe auch *Schwarze, G.*: Regelungstechnik für den Praktiker · Formeln — Kurven — Tabellen [RA 50].

daß mit dem Reglerausgangssignal die Stelleinrichtung auszusteuern ist,

daß der Regler für Hilfsgrößenaufschaltungen genügend viele Eingänge hat,

daß seine konstruktive Gestaltung den Einsatzbedingungen entspricht usw.,

so ist die Bestimmung des richtigen Reglers in funktionstechnischer Hinsicht von entscheidender Bedeutung. Die Lösung dieser Aufgabe ist relativ schwierig, da genaugenommen alle theoretischen und praktischen Erkenntnisse der Regelungstechnik hierbei zu beachten sind. In den folgenden Abschnitten wird versucht, durch sinnvolle Beschränkung auf die häufigen Anwendungsfälle einen Leitfaden zu geben, der bei minimalem Aufwand einer günstigen Lösung nahekommt.

Es beziehen sich auch hier die Betrachtungen über die Auswahl eines geeigneten Reglers und die Bestimmung der Reglerparameter auf die beiden elementaren Streckentypen, der PT_1T_t- und der IT_t-Strecke. Die Optimierungsregeln sind dabei auf den Fall zugeschnitten, daß eine sprungförmige Störung des Kreises nach Möglichkeit zu einem aperiodischen Verhalten der Regelgröße mit kürzester Einschwingdauer führt. Unterliegt ein Regelkreis anders gearteten Störungen, wie beispielsweise sinusförmigen, impulsartigen oder rampenförmigen Störungen, so wird das optimale Verhalten bei einer für Sprungstörungen bemessenen Reglereinstellung nicht erreicht. Von wenigen Ausnahmen abgesehen, führt eine Einstellung des Reglers nach den im folgenden aufgeführten Regeln jedoch zu brauchbaren Ergebnissen. Wegen der nur näherungsweise bekannten Streckenkennwerte, der Optimierungsverfahren sowie der Vernachlässigung von Einflüssen, die im Projektstadium nicht erkannt werden, ist eine gewisse Korrektur der Reglerparameter bei der Inbetriebsetzung nicht zu vermeiden. Der große Vorteil einer näherungsweisen Berechnung der Reglerparameter liegt darin, daß nicht generell falsch bemessene Geräte eingesetzt werden und daß die Regelkreise nicht mit völlig falschen Reglereinstellungen in Betrieb genommen werden. Ohne die Durchrechnung einiger Varianten ist die begründete Auswahl des geeigneten Reglertyps nicht möglich. Die Typenauswahl beschränkt sich ja nicht nur auf die Festlegung des P-, PI-, PD- oder PID-Zeitverhaltens von stetigen Reglern, sondern umfaßt auch die Prüfung der Anwendbarkeit von Reglern mit unstetigem Ausgangssignal. Aus ökonomischen und technischen Gründen sollte speziell bei elektrischen Reglern immer geprüft werden, ob im zur Bearbeitung stehenden Fall nicht ein Zweipunkt-, Dreipunkt- oder getasteter Dreipunktregler bzw. ein PI-ähnlicher Regler mit impulsmoduliertem Ausgangssignal eingesetzt werden kann, wozu die folgenden Ausführungen als Orientierungshilfe dienen sollen.

P-Regler

Vorteile: Als einfachster Regler unter den stetigen Vertretern ist dieser Typ bei reinen P-, I- oder PT_1-Strecken anwendbar und erfüllt dabei auch vollkommen seine Aufgabe. Der Proportionalitätsfaktor K_R kann in diesen Fällen theoretisch beliebig groß gewählt werden. Die Einstellung bereitet keine Schwierigkeiten.

Nachteile: Da praktische Systeme immer mit Verzögerungen behaftet sind, ist nur ein endlicher Wert von K_R realisierbar. Mit Hilfe der in Tafel 6 enthaltenen Optimierungsbedingungen ist der zulässige K_R-Wert zu errechnen und zu prüfen, ob die bleibende Regelabweichung im betrachteten Fall noch zulässig ist. Dazu dienen für verschiedene Störungsfälle die Gleichungen für Strecken mit Ausgleich:

$$\lim_{\omega \to 0} \frac{X(p)}{Z_y(p)} = \frac{K_S}{1 + K_S K_R},$$

$$\lim_{\omega \to 0} \frac{X(p)}{Z_x(p)} = \frac{1}{1 + K_S K_R},$$

$$\lim_{\omega \to 0} \frac{X(p)}{Z_w(p)} = \frac{K_S K_R}{1 + K_S K_R}.$$

Für Strecken ohne Ausgleich gilt die Beziehung

$$\lim_{\omega \to 0} \frac{X(p)}{Z_y(p)} = \frac{1}{K_R}.$$

Bei Z_w- oder Z_x-Störungen entsteht an I-Strecken keine bleibende Regelabweichung.

I-Regler

Vorteile: Reine I-Regler sorgen im stationären Zustand für ein vollständiges Ausregeln von Störgrößen. Als hydraulischer Strahlrohrregler hat dieser Typ wegen seines einfachen Aufbaus und der Möglichkeit, unmittelbar eine gewisse Stelleistung abzunehmen, in der Vergangenheit verbreitet Anwendung gefunden. Elektrische oder pneumatische I-Regler werden kaum angewendet.

Nachteile: Für I-Strecken ist dieser Typ nicht anwendbar. Bei P-Strecken mit Verzögerungen sind, gemessen an den anderen Reglertypen, aus Stabilitätsgründen nur sehr kleine Eigenfrequenzen erreichbar. Das Stör- und Führungsverhalten derartiger Kreise ist dementsprechend ungünstig.

PI-Regler

Vorteile: Für P-Regelstrecken mit Verzögerungen höherer Ordnung oder Totzeitanteil findet der PI-Regler ein weites Anwendungsgebiet. Er ist nicht wesentlich teurer als ein P-Regler und garantiert dafür im stationären Fall für den vollständigen Abbau der Regelabweichung. Auch bei nicht konstanten Streckenparametern (z. B. nichtlineare Strecken) ist die Reglereinstellung nicht kritisch, weil im Gegensatz zum PID-Regler das Optimierungsziel auch bei Fehlanpassung nicht sehr beeinflußt wird.

Nachteile: Die Eigenfrequenz des Reglers ist im Vergleich zum P-Regler niedriger, was zur Folge hat, daß die Ausregelzeit etwas größer wird. Bei Anfahrvorgängen oder beim Übergang von Hand- auf Automatikbetrieb kann die I-Komponente des Reglers zu einer einmaligen großen Überschwingung führen, wenn nicht ein Regler mit selbsttätiger Strukturumschaltung verwendet wird.

PD-Regler

Vorteile: Dieser Typ hat in statischer Hinsicht die gleichen Eigenschaften wie ein P-Regler. In dynamischer Hinsicht sind bessere Eigenschaften erreichbar, wenn es sich um Strecken mit überwiegender Verzögerung handelt und der Totzeitanteil nicht wesentlich ist. (PD-Regler werden vorwiegend bei Drehzahl- oder Spannungsregelungen benutzt.)
Nachteile: Die statische Regelgenauigkeit ist wie beim P-Regler von der erreichbaren Kreisverstärkung abhängig. Wenn der Störgröße ein höherfrequenter Anteil geringer Amplitude überlagert ist, erfährt diese Frequenzkomponente eine beträchtliche Verstärkung und kann die Stelleinrichtung stark beanspruchen.

PID-Regler[1])

Vorteile: Dieser Typ vereinigt die Vorteile des PI- und PD-Reglers in einem Gerät. Statische und dynamische Regelgenauigkeit sind gleichermaßen gut.
Nachteile: Die Einstellung der Reglerparameter muß exakt erfolgen. Bei ungenauer Einstellung oder sich verändernden Streckenparametern gehen die Vorteile verloren, und die Regelung wird schlechter als bei Verwendung eines PI-Reglers. Es ist darum häufig günstiger, anstelle eines PID-Reglers einen PI-Regler zu verwenden und zusätzlich eine geeignete Hilfsgrößenaufschaltung vorzunehmen.
Eine übersichtliche Darstellung der Einstellparameter für die verschiedenen Typen von stetigen Reglern an idealisierten Strecken wird in Tafel 6 gegeben. Für die PT_1T_t-Strecke gelten die Näherungsformeln nur für ein Verhältnis der Zeitkennwerte $T_1/T_t > 1$. Sind Strecken zu bearbeiten, die ein Verhältnis der Zeitkennwerte $T_1/T_t < 1$ haben, so können die Reglerparameter nach den Formeln für die PT_1-Strecke berechnet werden, indem für T_t in diesen Formeln die Summe aus Totzeit und halber Zeitkonstante gesetzt wird.
Eine andere Kategorie von Reglern steht dem Projektanten in Form der unstetigen Regler zur Verfügung. Als Zwei- oder Mehrpunktregler, wie z. B. als Fallbügelregler, sind diese Geräte verbreitet in Gebrauch. Die Berechnung von Regelkreisen mit unstetigen Reglern ist allerdings schwieriger als die von stetigen Reglern, weil sich ein unstetiger Vorgang mathematisch nicht so einfach formulieren läßt. Als neue Bemessungsgrößen treten die Amplitude des Schaltsprungs Q bei Zweipunktregelkreisen, die Geschwindigkeit des Stellantriebs V_M bei Dreipunktreglern, die Impulsdauer T_d und die Impulsperiode T_0 bei getasteten Reglern sowie die Ansprechgröße X_a in den Betrachtungskreis. Die Bemessungsformeln sind für die nachstehend behandelten Regler in der Tafel 7 zusammengefaßt.

[1]) Siehe auch *Peschel, M.:* Regelkreise mit PID-Reglern [RA 11].

Tafel 6. Einstellparameter für stetige Regler an PT_1T_t-, PT_t- und IT_t-Strecken für z_x-, z_y- und z_w-Sprungstörungen zur Erzielung einer annähernd aperiodischen Übergansfunktion kürzester Dauer

Regler-typ	PT_1T_t-Strecke $(T_1/T_t > 1)$		PT_t-Strecke	IT_t-Strecke	
	z_w-Störung z_x-Störung	z_y-Störung	z_y-Störung	w-Störung z_x-Störung	z_y-Störung
I	—	$K_{IR} = \dfrac{1}{2\,(T_1 + T_t)\,K_S}$	$K_{IR} = \dfrac{0,55}{K_S\,T_t}$	—	—
P	$K_R = \dfrac{0,3\,T_1}{K_S\,T_t}$	$K_R = \dfrac{0,3\,T_1}{K_S\,T_t}$	$K_R = \dfrac{0,4}{K_S}$	$K_R = \dfrac{0,3}{K_{IS}\,T_t}$	$K_R = \dfrac{0,3}{K_{IS}\,T_t}$
PI	$K_R = \dfrac{0,35\,T_1}{K_S\,T_t}$ $K_{IR} = \dfrac{0,29}{K_S\,T_t}$	$K_R = \dfrac{0,6\,T_1}{K_S\,T_t}$ $K_{IR} = \dfrac{0,15\,T_1 + 0,36\,T_t}{K_S\,T_t^2}$	$K_R = \dfrac{0,3}{K_S}$ $K_{IR} = \dfrac{0,7}{K_S\,T_t}$	—	$K_R = \dfrac{0,6}{K_{IS}\,T_t}$ $K_{IR} = \dfrac{0,15}{K_{IS}\,T_t^2}$
PD	$K_R = \dfrac{0,4\,T_1}{K_S\,T_t}$ $K_{DR} = \dfrac{0,15\,T_1}{K_S}$	$K_R = \dfrac{0,8\,T_1}{K_S\,T_t}$ $K_{DR} = \dfrac{0,25\,T_1}{K_S}$	— —	— —	— —
PID	$K_R = \dfrac{0,6\,T_1}{K_S\,T_t}$ $K_{IR} = \dfrac{0,6}{K_S\,T_t}$ $K_{DR} = \dfrac{0,3\,T_1}{K_S}$	$K_R = \dfrac{0,95\,T_1}{K_S\,T_t}$ $K_{IR} = \dfrac{0,4\,T_1}{K_S\,T_t^2}$ $K_{DR} = \dfrac{0,4\,T_1}{K_S}$	— — —	— — —	$K_R = \dfrac{0,95}{K_{IS}\,T_t}$ $K_{IR} = \dfrac{0,4}{K_{IS}\,T_t^2}$ $K_{DR} = \dfrac{0.4}{K_{IS}}$

Zweipunktregler[1]

Vorteile: Der Zweipunktregler gestattet, besonders in Form eines Meß-
werkreglers, sehr preisgünstige und betriebssichere Regelkreise aufzu-
bauen. Es wird dazu kein Stellgetriebe oder Motor benötigt, sondern als
Stelleinrichtung genügt ein Glied mit Schaltverhalten. Das dynamische
Verhalten ist trotzdem für alle Störfälle sowohl an PT_1- wie auch an IT_1-
Strecken ausgezeichnet.

Nachteile: Die Regelstrecke und die den Stellstrom liefernde Quelle werden
ständig impulsartig beansprucht, was besonders bei nichtelektrischen Stelleinrichtungen stört. Die Regelgröße führt prinzipiell eine Arbeitsschwingung aus. Bei wesentlichem Totzeitanteil in der Strecke wird die Amplitude
der Arbeitsschwingung zu groß, so daß der Zweipunktregler dann nicht
mehr sinnvoll zu verwenden ist. Die bei bleibenden Störeinwirkungen auf-
tretende mittlere Regelabweichung und die Amplitude der Arbeitsschwingung sind nach den folgenden Gleichungen abzuschätzen. Diese
Gleichungen gelten unter der Voraussetzung eines symmetrischen Aus-
gangszustands (Impulsdauer = Impulspause).

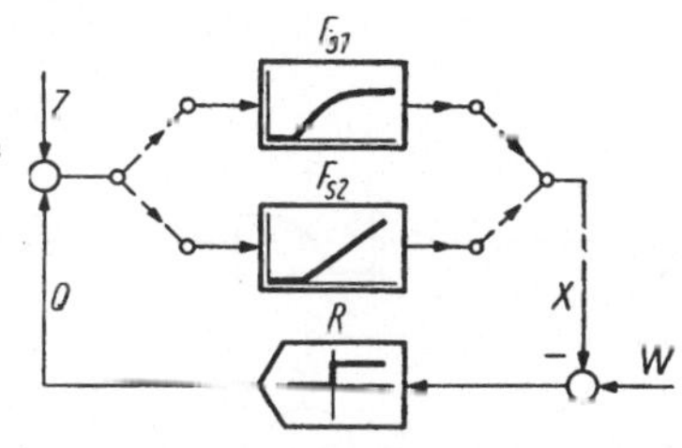

Bild 45. Zweipunktregler an P- oder I-Strecke

$$F_{S1} = \frac{K_S}{1 + p\,T_S}\, e^{-p\,T_t}$$

$$F_{S2} = \frac{K_{IS}}{p}\, e^{-p\,T_t}$$

Scheitelwerte der Arbeitsschwingungen bei

PT_1T_t-Strecke: $\qquad X_f \approx \pm \dfrac{Q\,K_S\,T_t}{2\cdot T_S}$;

IT_t-Strecke: $\qquad X_f \approx \pm \dfrac{Q\,K_{IS}\,T_t}{2}$.

Schwingungsdauer der Arbeitsschwingung:

$$T_f \geqq 4\,T_t .$$

Bleibende mittlere Regelabweichung bei PT_1T_t-Strecke mit

z_y-Störung: $\qquad X_B \approx \dfrac{Z\,T_t\,K_S}{T_1}$;

z_w-Störung: $\qquad X_B \approx \dfrac{T_t}{T_S}\left(W - \dfrac{Q\,K_S}{2}\right)$.

Bleibende mittlere Regelabweichung bei IT_t-Strecke mit

z_y-Störung: $\qquad X_B \approx \dfrac{Z\,T_t\,K_S}{T_S}$;

z_w-Störung: $\qquad X_B = 0 .$

[1] Siehe auch *Hartmann, G.:* Regelkreise mit Zweipunktreglern [RA 33].

Dreipunktregler mit integraler Stelleinrichtung

Vorteile: Er ist ein einfacher, billiger Regler zum Anschluß an elektromotorische und hydromotorische Stellantriebe mit konstanter Stellgeschwindigkeit. Eine bleibende Regelabweichung tritt nicht auf, da der Regler zusammen mit dem Stellantrieb ein integralähnliches Verhalten zeigt. Die Bemessung ist sehr einfach und beschränkt sich auf die Festlegung der Stellgeschwindigkeit V_M des Antriebs und der Ansprechschwelle X_a.

Nachteile: Die Ansprechempfindlichkeit und die Stellgeschwindigkeit sind gegenläufig voneinander abhängig. Das dynamische Verhalten eines Kreises

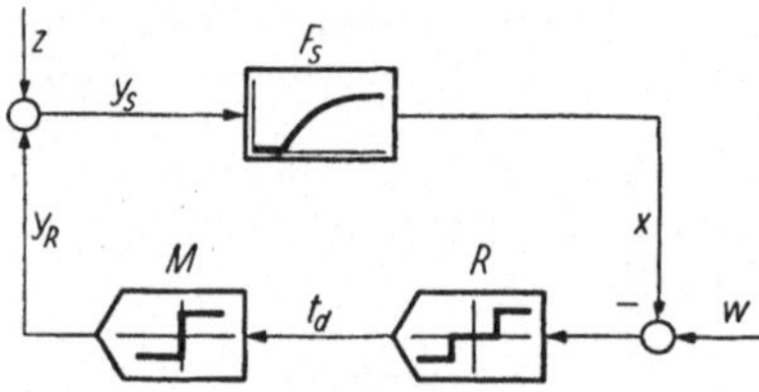

Bild 46. *Regelkreis mit Dreipunktregler*[1])

Regler R gekennzeichnet durch die Ansprechempfindlichkeit X_a;

Stellglied M gekennzeichnet durch die konstante Stellgeschwindigkeit V_M;

Strecke F_S gekennzeichnet durch die Parameter K_S, T_1 und T_t

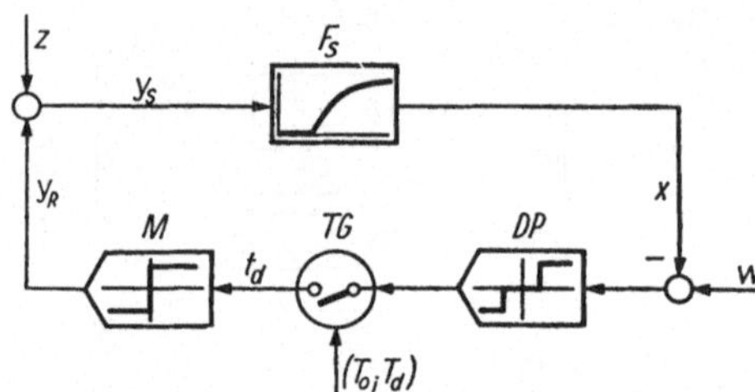

Bild 47. *Regelkreis mit getastetem Dreipunktregler*

Taktgeber *TG* gekennzeichnet durch Tastperiode T_0 und Tastdauer T_d; sonstige Geräte wie Bild 46

mit Dreipunktregler ist ungünstig. Nur wenn sich die Störgrößen, gemessen an der Stellgeschwindigkeit, langsam verändern, ist der Einsatz sinnvoll. Integrale Strecken können mit Dreipunktreglern nicht betrieben werden, da der Kreis dann prinzipiell instabil ist.

Getasteter Dreipunktregler

Vorteile: Dieser Reglertyp, wie er z. B. als Fallbügelregler bekannt ist, hat zunächst einmal die gleichen Vorteile wie der Dreipunktregler. Es tritt jedoch als wesentlich günstigere Eigenschaft die bessere Anpaßbarkeit des Geräts an die Strecke und den Stellantrieb hinzu. Mit Hilfe der Tastperiode T_0 und der Impulsdauer T_d besteht ein weiter Spielraum zur Anpassung an die konkreten Verhältnisse.

Nachteile: Wenn nicht wie beim Fallbügelregler die Impulsgabeeinrichtung im Regler eingebaut ist, muß ein Taktgeber mit einstellbarer Impulsfunktion mit einem Dreipunktregler kombiniert werden. Wie die Optimie-

---

[1]) Die Kennlinie im Übertragungsglied *M* der Bilder 46 bis 49 symbolisiert die drei Betriebszustände des Motorgetriebes: Linkslauf, Rechtslauf und Stillstand mit den beiden Geschwindigkeiten $y_R = \pm V_M$. Die Stellgröße y_R ist durch die Gleichung $y_R = V_M \, \Sigma \, t_d$ bestimmt. Dabei ist t_d die auf das Zweilaufglied wirkende variable Einschaltzeit.

rungsrichtlinien in Tafel 7 zeigen, ist die Bemessung nicht einfach, weil vier voneinander abhängige Parameter, nämlich V_M, X_a, T_d und T_0, sinnvoll festzulegen sind. Das dynamische Verhalten ist auch hier ungünstig, da die Störamplitude vom Regler nicht bewertet wird.

Getasteter P-Impulsregler

Vorteile: Gegenüber den Reglertypen mit Dreipunktverhalten hat diese Ausführung den weiteren Vorteil einer durch die Regelabweichung bewerteten Impulsdauer. Damit wird das Gesamtverhalten trotz unstetiger Arbeitsweise einem stetigen I-Regler ähnlich. Die Ansprechempfindlichkeit kann klein gehalten werden, da diese Größe in den Optimierbedingungen nur noch von untergeordneter Bedeutung ist. Für P-Strecken mit überwiegender Totzeit liefert dieser Reglertyp die besten Ergebnisse. Bei

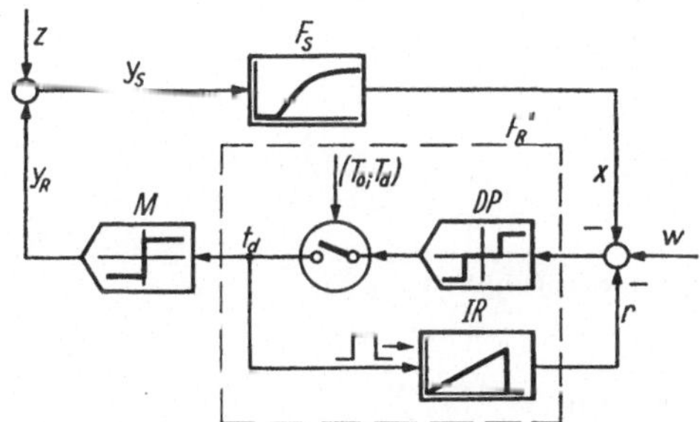

Bild 48. Getasteter P-Impulsregler mit der Übertragungsfunktion

$$F_\mathrm{R}^* \approx \frac{t_\mathrm{d}}{x} = K_\mathrm{R}^*$$

DP   Dreipunkt-Schaltglied;

IR   Impulsrückführung mit eingetragener Ausgangsgröße r bei Impulsanregung t_d;

M   Zweilauf-Stelleinrichtung (Stellgeschwindigkeit V_M)

Strecken mit variabler Totzeit ist über T_0 eine Parametersteuerung möglich, wenn der Regelstrecke eine Hilfsgröße entnommen werden kann, die der Totzeit proportional ist.

Nachteile: Die dynamischen Eigenschaften sind mit Ausnahme der $\mathrm{P}T_\mathrm{t}$-Strecke im allgemeinen nicht besser als bei einem I-Regler. Für I-Strecken ist auch dieser Reglertyp nicht einsetzbar. Die Bemessung ist relativ schwierig, weil auch hier vier voneinander abhängige Parameter sinnvoll festzulegen sind, nämlich V_M, T_0, X_a und K_R^*.
Die mit K_R^* bezeichnete Größe ist der Übertragungsfaktor des Reglers, der nach der Gleichung

$$t_\mathrm{d} = x\, K_\mathrm{R}^*$$

den Proportionalitätsfaktor zwischen Impulsdauer und Regelgröße darstellt. Die Dimension dieses Übertragungsfaktors ergibt sich in „Sekunden je Dimension der Reglereingangsgröße", z. B. $\left[\dfrac{\mathrm{s}}{\mathrm{mA}}\right]$.

PI-Impulsregler

Vorteile : Dieser erst in den letzten Jahren bekannt gewordene Reglertyp
hat dem stetigen PI-Regler ähnliche Eigenschaften. Er ermöglicht den
Einsatz einfacher leistungsstarker Stellantriebe und konstanter Stellgeschwindigkeit und gestattet so, aufwendige Leistungsverstärker, teure
stetig steuerbare Stellmotoren und Stellungsgeber zu vermeiden.
Auf Grund der Wirkungsweise der inneren Impulsrückführung entsteht
ein progressives Übertragungsverhalten des Reglers, das bei richtiger Be-
messuug zu kleineren Regelflächen führt, als stetige PI-Regler erreichen.

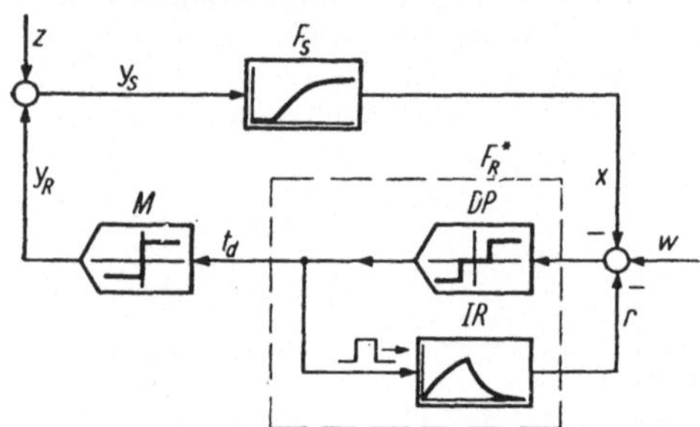

Bild 49. PI-Impulsregler mit der Übertragungsfunktion

$$F_R^* \approx \frac{t_d}{x} = K_R^* + \frac{1}{p} K_{IR}^*$$

DP Dreipunkt-Schaltglied (Ansprechschwelle X_a);

IR Impulsrückführung mit eingetragenem Verlauf von r;

M Zweilauf-Stelleinrichtung (Stellgeschwindigkeit V_M)

Nachteile : Das nichtlineare Verhalten der Reglerparameter K_R^* und K_{IR}^*
als Funktion der Regelabweichung macht die richtige Anpassung und Einstellung des Geräts schwierig. Die Einstellung ist abhängig von dem in
Ansatz gebrachten Amplitudenwert der Störgröße. Für Projektierungs-
zwecke genügt es, mit den Bemessungsvorschriften für stetige PI-Regler
zu arbeiten. Die Umsetzung der so gefundenen K_R- und K_{IR}-Werte in die
Einstellgrößen des Geräts selbst ist nur über vom Hersteller zu liefernde
Kurvenblätter oder durch Versuch möglich. Die durch den kürzesten
Impuls $T_{d\,min}$ bestimmte Positioniergenauigkeit des Stellglieds in Verbindung mit dem Einfluß der Stellgeschwindigkeit V_M gestattet es bei den
üblichen Anwendungen nicht, Stellantriebe zu verwenden, die den Stellbereich in wenigen Sekunden durchlaufen (Laufzeit muß meist größer als
30 s sein). Zur Vermeidung von Nachlauferscheinungen des Stellantriebs
nach jedem Impuls sind teilweise mechanische Bremsanordnungen oder
Bremsschaltungen erforderlich.
Wie für die stetigen Regler wird in Tafel 7 eine Übersicht der Bemessungs-
bedingungen für den annähernd schwingungsfreien Einlauf der Regelgröße
in die Unempfindlichkeitszone gegeben.
Zur besseren Übersicht sind die Funktionen ϱ, γ und η im Bild 50 in ihrem
Verlauf dargestellt. Es ist damit einfacher festzustellen, mit welcher Wirkung ein wählbarer Parameter in die Optimierungsbedingung eingeht.

Tafel 7. Die Relation zwischen den Parametern unstetiger Regler an $PT_1 T_t$-, PT_t-und IT_t-Strecken zur Erzielung einer annähernd aperiodischen Übergangsfunktion kürzester Dauer der Regelgröße bei Sprungstörungen z_x und z_w

Reglertyp	$PT_1 T_t$-Strecke $(T_1/T_t > 1)$	PT_t-Strecke	IT_t-Strecke
Zweipunkt-regler	$Q = \dfrac{2\,W_0}{K_S}$	—	$Q = 2\,Z$
Dreipunkt-regler	$V_M = \dfrac{2\,X_a}{K_S\,(T_t + T_1)}$	$V_M = \dfrac{2\,X_a}{K_S\,T_t}$	—
Getasteter Dreipunkt-regler	$V_M = \dfrac{2\,X_a}{K_S\,T_d\,\varrho}$	$V_M = \dfrac{2\,X_a}{K_S\,T_d\,\eta}$	—
Getasteter P-Impuls-regler	$V_M = \dfrac{1}{K_S\,K_R^*\,\gamma}$ $V_M \leqq \dfrac{2\,X_a}{K_S\,T_{d\,min}}$	$V_M = \dfrac{1}{K_S\,K_R^*}$ $V_M \leqq \dfrac{2\,X_a}{K_S\,T_{d\,min}}$ $T_0 = T_t + T_{d\,max}$	—
PI-Impuls-regler	$V_M\,K_R^* = \dfrac{0{,}35\,T_S}{K_S\,T_t}$ $V_M\,K_{IR}^* = \dfrac{0{,}29}{K_S\,T_t}$ $V_M \leqq \dfrac{2\,X_a}{K_S\,T_{d\,min}}$	$V_M\,K_R^* = \dfrac{0{,}3}{K_S}$ $V_M\,K_R^* = \dfrac{0{,}7}{K_S\,T_t}$ $V_M \leqq \dfrac{2\,X_a}{K_S\,T_{d\,min}}$	$V_M\,K_R^* = \dfrac{0{,}6}{K_{IS}\,T_t}$ $V_M\,K_{IR}^* = \dfrac{0{,}15}{K_{IS}\,T_t^2}$

Die Formelzeichen ϱ, η und γ sind Kurzzeichen für die Funktionen

$$\varrho = \frac{T_1 + T_t}{T_0} + \left(1 - \frac{T_d}{T_0}\right) e^{-\frac{T_1 + T_t}{2\,T_0}}$$

$$\eta = 1 \ \text{für} \ \frac{T_t}{T_0} < 1$$

$$\eta = \frac{T_t}{T_0} = 1;\ 2;\ 3;\ \ldots;\ n \qquad\qquad \gamma = \frac{1 + e^{\frac{T_t - T_0}{2\,T_1}}}{1 - e^{-\frac{T_0}{T_1}}}$$

Zusammenfassend ist festzustellen, daß die Auswahlgesichtspunkte für den geeigneten Regler vom Streckenverhalten, von den Störgrößen, von der Stelleinrichtung und der notwendigen Regelgüte bestimmt werden. In der Tafel 8 sind für alle behandelten Reglertypen die wesentlichen Eigen-

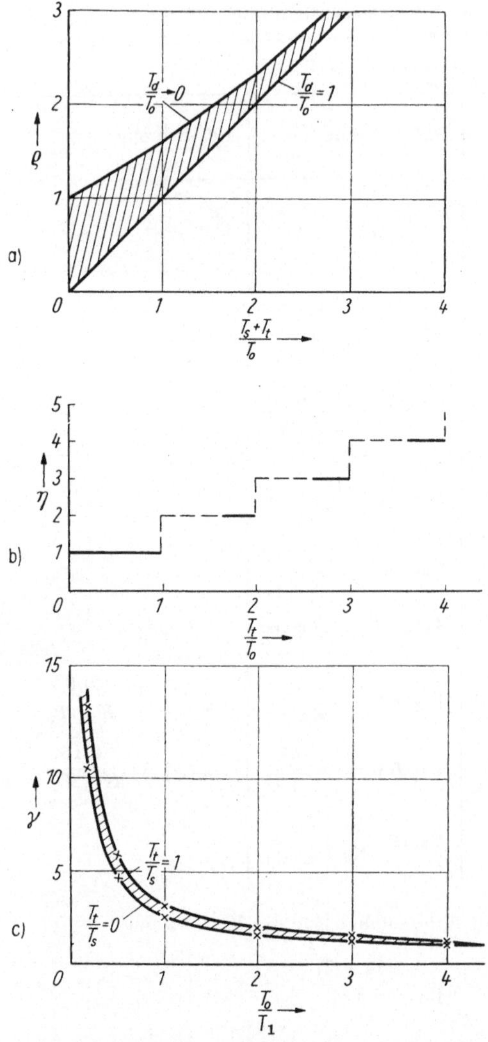

Bild 50. Darstellung der Hilfsfunktionen ϱ, γ und η zur Optimierung unstetiger Regler (Tafel 7) $(T_\mathrm{S} = T_1)$

$$\varrho = \frac{T_1 + T_\mathrm{t}}{T_0} + \left(1 - \frac{T_\mathrm{d}}{T_0}\right) \mathrm{e}^{-\left(\frac{T_1 + T_\mathrm{t}}{2\,T_0}\right)}$$

$$\gamma = \frac{1 + \mathrm{e}^{\left(\frac{T_\mathrm{t} - T_0}{2\,T_1}\right)}}{1 - \mathrm{e}^{-\left(\frac{T_0}{T_1}\right)}} \qquad\qquad \eta = 1 \ \text{für} \ \frac{T_\mathrm{t}}{T_0} < 1$$

$$\eta = \frac{T_\mathrm{t}}{T_0} \ \text{für} \ \frac{T_\mathrm{t}}{T_1} = 1;\ 2;\ 3;\ \cdots;\ n$$

70

Tafel 8. Eignung verschiedener Reglertypen bei verschiedenen Bedingungen und Anforderungen

Reglertyp	P-Strecke			I-Strecke	P-Fehler unzulässig	Schnelle Regelung notwendig	Stellzeit ist größer als 50 s	Preisrelationen, bezogen auf PI-Regler
	$\frac{T_1}{T_t} \gg 1$	$\frac{T_1}{T_t} > 1$	$\frac{T_1}{T_t} < 1$	$T_t \approx 0$				
I-Regler	+	—	—	—	+	—	—	85%
P-Regler	+	—	—	+	—	+	(+)	85%
PI-Regler	+	+	(+)	(+)	+	(+)	(+)	100%
PD-Regler	(+)	—	—	+	—	+	—	100%
PID-Regler	(+)	+	—	—	+	+	—	120%
Zweipunktregler	+	(+)	—	+	—	+	—	30%
Dreipunktregler	+	—	—	—	+	—	+	40%
Getasteter Dreipunktregler	+	—	+	—	+	—	+	50%
Getasteter P-Impulsregler	+	+	+	—	+	(+)	+	60%
PI-Impulsregler	+	+	—	(+)	+	(+)	+	75%

Tafelzeichen: + geeignet; (+) bedingt geeignet; — ungeeignet

schaften noch einmal zusammengefaßt dargestellt, in der Art, wie unter normalen Bedingungen die Auswahl erfolgen kann.

Zu der Spalte „Preisrelationen" der Tafel 8 sei noch bemerkt, daß diese Verhältnisse auf elektrische Regler bezogen sind, wobei die Meß- und Stelleinrichtung in den Vergleich mit einbezogen ist. Diese Prozentzahlen können natürlich nur als mittlere Orientierungswerte unter ähnlichen Voraussetzungen gesehen werden. Im Rahmen der Projektierung ist ein genauer Preisvergleich immer dann nötig, wenn vom technischen Standpunkt aus zwei oder mehrere Lösungswege in Betracht kommen. Es sollte jedoch dabei beachtet werden, daß es unökonomisch ist, wenn geringere Investitionskosten zu Lasten der Betriebssicherheit oder des Wartungsaufwands gehen.

Regelung mit Prozeßrechnern

Die Entwicklung von elektronischen digitalen Recheneinrichtungen hat in den letzten Jahren zur Anwendung von Prozeßrechnern geführt. Die prinzipielle Wirkungsweise von Prozeßrechnern sei hier als bekannt vorausgesetzt. Der mit dieser Technik noch nicht vertraute Leser sei auf die Literatur [24] [27] [28] [32] verwiesen. Neben den Einsatzmöglichkeiten dieser Rechner als Meßwertverarbeitungsanlagen für die Aufbereitung,

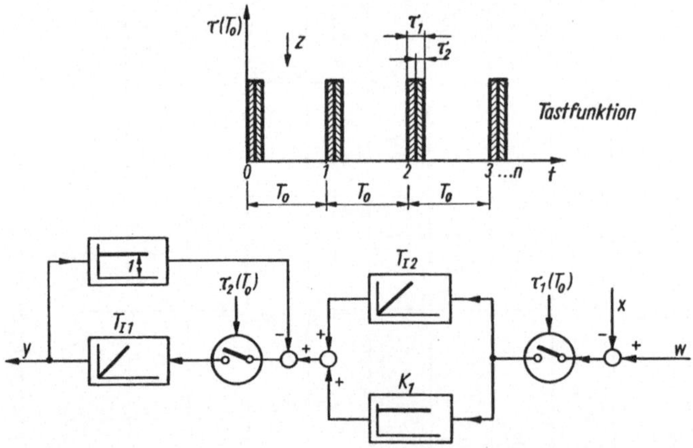

Bild 51. Hybride Simulationsschaltung für eine PI-Rechnerregelung

Speicherung und Reduzierung von Meßdaten, für Bilanzierungszwecke, für Optimierungsrechnungen und für den Journaldruck bietet die digitale industrielle Rechentechnik besonders für BMSR-Aufgaben prinzipiell neue Perspektiven. Das betrifft einmal die Programmierung der Prozeßrechner als Mehrkanalregler und darüber hinaus die Programmierung von hochorganisierten Reglerstrukturen, die der konventionellen Technik weitgehend verschlossen sind. Außerdem gestatten Prozeßrechner die Verwirklichung von Algorithmen für Optimalwertregler, adaptive Regler, nichtlineare Regler, Entkopplungsregler und Regler mit variabler Struktur

sowie Parameterbeeinflussung. In gleichem Maß sind die Verfahren der
Hilfs- und Störgrößenaufschaltung in fast unbegrenzter Komplexität, verbunden mit Randbedingungen, die z. B. auch durch logische Aussagen gegeben sein können, zu verwirklichen. Im Rahmen dieses Bandes ist es
nicht möglich, auf Einzelheiten der digitalenProgrammierung einzugehen,
weil diese Techniken nicht einheitlich sind, sondern vom jeweiligen Rech-
nertyp, seiner Befehlsliste und internen Organisation abhängen.
Anhand einer PI-wirkenden Reglerstruktur, die mit einem Prozeßrechner
verwirklicht werden, werden nachstehend die dynamischen Besonderheiten behandelt. Dazu wird die im Bild 51 gezeigte hybride Rechen-

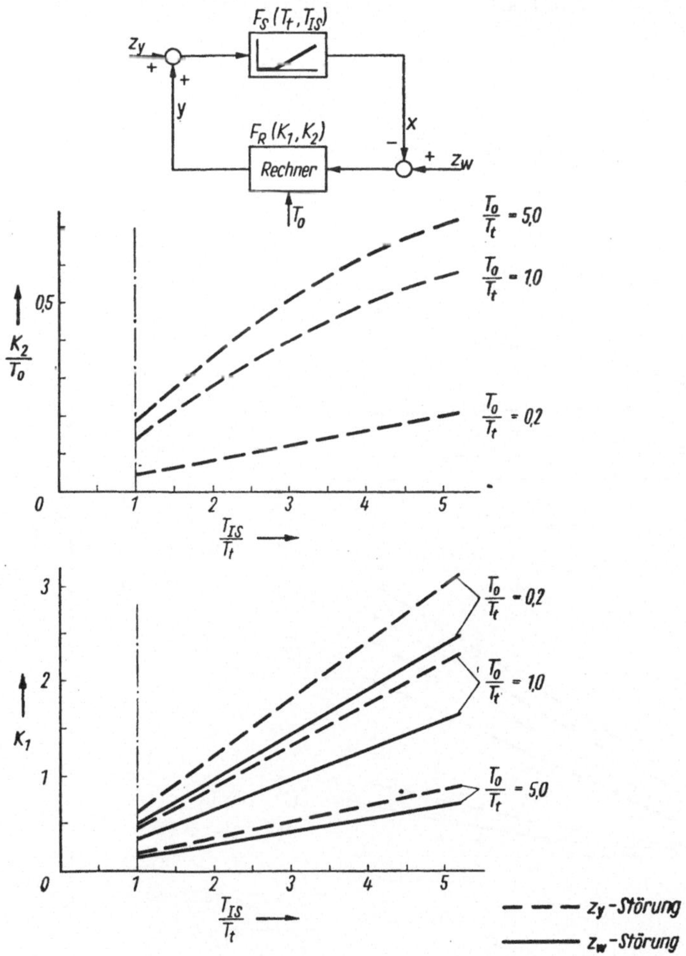

*Bild 52. Diagramm für Bestimmung der Rechnerparameter bei PI-Regelung an
$PT_t\,T_1$-Strecke und aperiodischem Einlauf der Regelgröße bei z_y-Sprungstörungen*

schaltung [35], die an einem Analogrechner untersucht wurde, zugrunde gelegt. Die Regelabweichung x_w wird vom Meßstellenumschalter des Digitalrechners zyklisch mit der Tastperiode T_0 abgetastet. Die Übernahme, Digitalisierung und Abspeicherung des Meßwerts erfolgt im Zeitintervall τ.

In diskreter Schreibweise lautet die Übergangsfunktion des digitalen PI-Reglers

$$y\ [T_{0n}] = K_1\, x_\mathrm{W}\ [T_{0n}] + K_2\ \overset{n}{\Sigma}\ x_\mathrm{W}\ [T_{0n}]$$

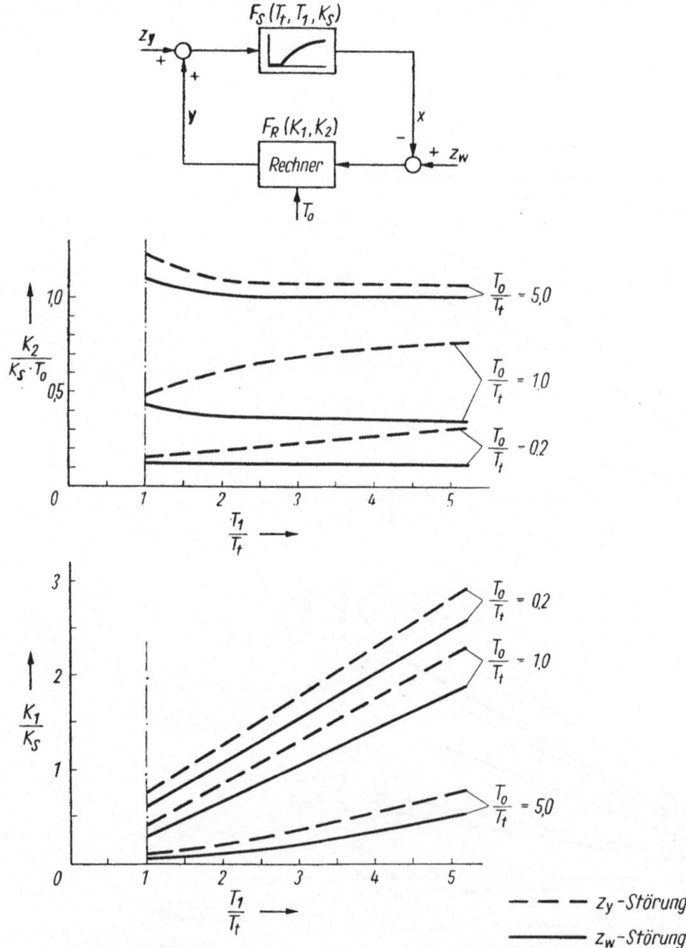

Bild 53. Diagramm für Bestimmung der Rechnerparameter bei PI-Regelung an ITt-Strecke und aperiodischem Einlauf der Regelgröße bei z_y-Sprungstörungen

mit den Analogien

$$K_1 \triangleq K_\mathrm{R} \, ,$$

$$\frac{K_2}{T_0} = \frac{\tau}{T_{\mathrm{I}_2} T_0} \triangleq K_{\mathrm{IR}} \, .$$

Für die Darstellung des Proportionalitätsfaktors K_1 genügt es, den Ausgang des Tasters auf ein P-Glied zu geben, während der Integrationsfaktor $\dfrac{K_2}{T_0}$ und die Summation der Teilprodukte mit dem getasteten Integrator ($\tau \ll T_0$) darstellbar sind. Unter der Voraussetzung eines einheitlichen Signalbereichs von x und y sind K_1 und K_2 die Konstanten, die als Reglerparameter das Übertragungsverhalten des Rechners für den betrachteten Kanal bestimmen. Ein realer Prozeßrechner benötigt neben seinem Speicher- und Rechenwerk auch einen Stellgrößenumschalter und einen Digital-Analog-Umsetzer, der außerdem oft die ausgangsseitige Haltegliedfunktion mit übernimmt. Diese Funktion wird im Halteglied HG simuliert, das aus einem schnellen Integrator ($T_{\mathrm{I}_1} \ll T_0$), einer Rückführung und einem Taster besteht. Die Bilder 52 und 53 zeigen für den Fall von z_y- und z_w-Sprungstörungen die Parameter für den aperiodischen Grenzfall eines Regelkreises mit $PT_t T_1$-Strecke und eines Regelkreises mit IT_t-Strecke bei verschiedenen Verhältnissen der Abtastperiode zu den Zeitkennwerten der Strecke.

3.4. Bemessung der Stelleinrichtung

Das Reglerausgangssignal ist in der Stelleinrichtung so weit zu verstärken, daß der in die Strecke eintretende Massen- und Energiestrom eindeutig und sicher gesteuert werden kann. Von untergeordneten Fällen abgesehen, ist dafür eine Verstärkeranordnung mit Rückführung der Stellgröße oder des Stellstroms üblich, wie sie durch den Positioner bei pneumatischen Membranantrieben, durch die Stellungsrückführung bei stetigen elektromotorischen Stellgetrieben und durch das Rückführgestänge bei hydraulischen Antrieben ausgeführt wird. Der Stellantrieb wird auf diese Weise zum proportional wirkenden Übertragungsglied mit einer gewissen Verzögerungszeitkonstante, die jedoch meist zu vernachlässigen ist. Hat der Stellantrieb integrales Verhalten, so kann die Rückführung über ein Zeitfunktionsglied geführt werden und damit gleichsam in einer Einrichtung die Reglerfunktion und die Funktion des Leistungsverstärkers erfüllt werden (Bild 54).

In modernen Regelungssystemen wird die erstgenannte Variante mit P-Stellantrieb wegen der universelleren Verwendbarkeit fast ausschließlich benutzt. Von besonderer Problematik ist die Bemessung des Stellglieds, wenn es sich um Ventile und Klappen handelt. Unabhängig davon, ob der Übertragungsfaktor des Stellglieds zur Strecke oder zum Regler gerechnet wird, wird für die Einhaltung der Optimierungsbedingung vorausgesetzt, daß das Stellglied wie die Strecke als lineare Glieder mit konstantem Übertragungsfaktor anzusehen sind. Diese Voraussetzung ist jedoch gerade bei

Ventilen nur schwer erreichbar. Um über den gesamten Stellbereich hinweg die notwendige Mengenänderung des Stellstroms bei annähernd konstantem Übertragungsfaktor zu erreichen, sind spezielle Ventilkennlinien notwendig. Vom Projektanten müssen dazu dem Ventilhersteller möglichst genaue Angaben geliefert werden.

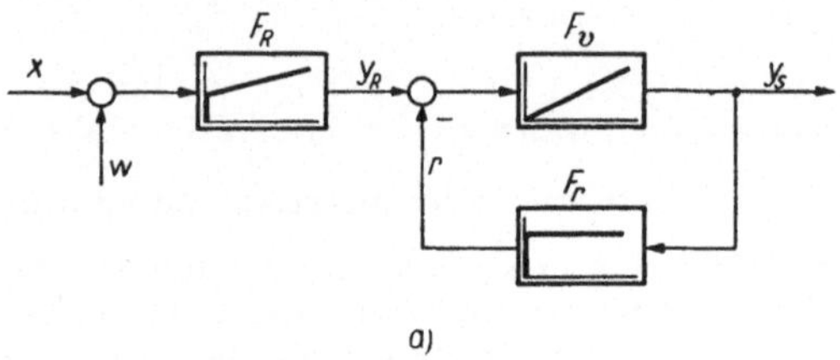

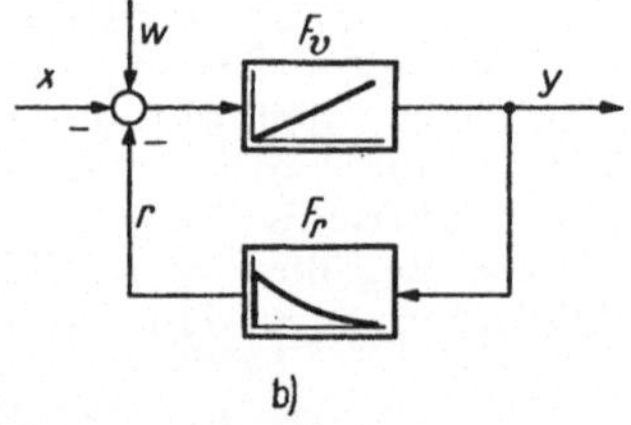

Bild 54. a) Regler mit nachgeschalteter proportional wirkender. Stelleinrichtung; b) als PI-wirkender Regler geschaltete Stelleinrichtung

F_v Stellantrieb; F_r Rückführung; F_R Regler

Eine Unsicherheit liegt dabei darin begründet, daß die Arbeitsbedingungen des Ventils, speziell die Druckverhältnisse, im Projektstadium häufig nicht zu übersehen sind. Für eine befriedigende Ventilauslegung sind jedoch gerade die Druckwerte als Funktion des Durchflusses von entscheidender

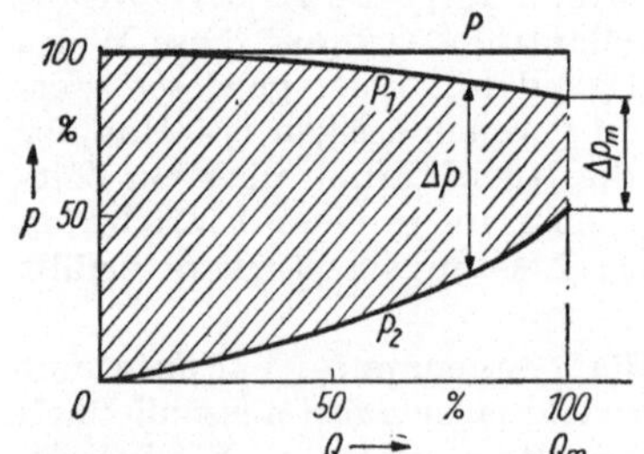

Bild 55. Druckverläufe an einem Regelventil bei Steuerung des Durchflusses

p_1 Druck vor dem Ventil;
p_2 Druck nach dem Ventil;
Δp Differenzdruck am Ventil;
P Gesamtdruck

Bedeutung. Wenn von den Technologen der Produktionsanlage darüber keine sicheren Angaben zu erhalten sind und auch Analogieschlüsse zu bereits ausgeführten ähnlichen Anlagen nicht möglich sind, sollte in kritischen Fällen unbedingt für eine Messung der Druckverläufe gesorgt werden, indem ein überschläglich bemessenes Ventil probeweise eingebaut wird. Je größer das Verhältnis des Druckabfalls Δp_m am Ventil zum Gesamtdruck P (Bild 55) und je größer das Verhältnis von Hub zum Sitzdurchmesser ist, um so einfacher ist eine brauchbare Ventilkennlinie herzustellen. Ein Verhältnis von $\Delta p_\mathrm{m}/P = 0{,}3$ ist in diesem Zusammenhang als Grenze des Anwendungsbereichs von linearen und gleichprozentigen Kennlinien anzusehen. Diese beiden Grundtypen von Kennlinien sind durch die Beziehungen zwischen Hub y und Öffnungsquerschnitt F gekennzeichnet.

$$\text{Lineare Kennlinie:}\quad F = k\,y \quad \text{oder} \quad \frac{\mathrm{d}F\,(y)}{\mathrm{d}y} = k\,.$$

$$\text{Gleichprozentige Kennlinie:}\quad F = F_0\,e^{ny} \quad \text{oder} \quad \frac{\mathrm{d}F\,(y)}{\mathrm{d}y\,F\,(y)} = n\,.$$

Es ist zu beachten, daß die gleichprozentige Kennlinie aus der Schließstellung heraus mit großer Steilheit auf den Anfangsquerschnitt F_0 übergeht, bevor der eigentliche exponentielle Kurvenverlauf beginnen kann. Mit $\Delta p_\mathrm{m}/P$ als Parameter sind im Bild 56 und 57 die typischen Verläufe des Durchflusses der beiden Grundformen von Ventilkennlinien dargestellt. Es handelt sich dabei um eine idealisierte Darstellung in normierten Größen mit den Kurvenparametern $\Delta p_\mathrm{m}/P$ (Δp_m ist der Druckabfall am vollgeöffneten Ventil mit $Q = Q_\mathrm{max}$). Es ist zu erkennen, daß man der Zielsetzung $\mathrm{d}Q/\mathrm{d}y = $ konst. nahekommt, wenn für kleine Werte von $\Delta p_\mathrm{m}/P \approx 0{,}1$ bis $0{,}3$ eine gleichprozentige Kennlinie und für große Werte von $\Delta p_\mathrm{m}/P \approx 0{,}3$ bis $1{,}0$ eine lineare Kennlinie verwendet wird. Leider können diese

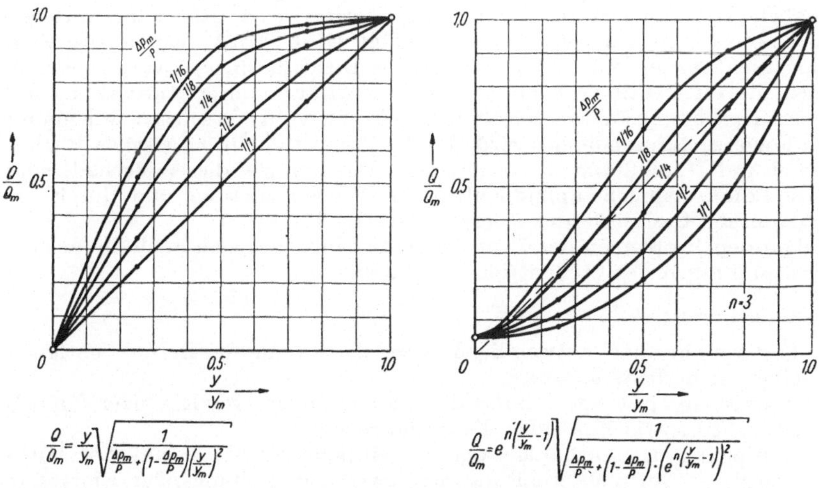

$$\frac{Q}{Q_m} = \frac{y}{y_m}\sqrt{\frac{1}{\frac{\Delta p_m}{P} + \left(1 - \frac{\Delta p_m}{P}\right)\left(\frac{y}{y_m}\right)^2}}$$

$$\frac{Q}{Q_m} = e^{n\left(\frac{y}{y_m}-1\right)}\sqrt{\frac{1}{\frac{\Delta p_m}{P} + \left(1 - \frac{\Delta p_m}{P}\right)\cdot\left(e^{n\left(\frac{y}{y_m}-1\right)}\right)^2}}$$

Bild 56. Durchfluß Q/Q_m eines „linearen" Regelventils als Funktion des Hubes y/y_m bei verschiedenem Druckgefälle $\Delta p_\mathrm{m}/P$ am Ventil

Bild 57. Durchfluß Q/Q_m eines „gleichprozentigen" Regelventils als Funktion des Hubes y/y_m bei verschiedenem Druckgefälle $\Delta p_\mathrm{m}/P$ am Ventil

idealisierten Verhältnisse oft nicht vorausgesetzt werden, weil $\Delta p/P$ nicht immer konstant ist, sondern wegen des Druckabfalls in der Anlage vor und hinter dem Ventil eine Funktion des Durchflusses ist. Namhafte Ventilhersteller sind deshalt dazu übergegangen, für ihre Typenreihen von Regelventilen Kennkurven herauszugeben. Diese Kennkurven sind auf der Definitionsgleichung

$$Q = k_\mathrm{v}\,(y)\;\sqrt{\frac{\Delta p/\Delta p_0}{\gamma/\gamma_0}}$$

für den Volumendurchfluß von Wasser aufgebaut mit $\Delta p_0 = 1\ \mathrm{kp/cm^2}$ und $\gamma_0 = 1000\ \mathrm{kp/m^3}$. Die k_0-Werte kennzeichnen als Funktion des Hubes y in einem Kurvenblatt die Eigenschaften jedes Ventils des verfügbaren Sortiments. Berechnet man für den zu behandelnden Fall, z. B. mit Hilfe der von *K. F. Früh* in dem Beitrag „Bemessung von Regelventilen" [7] angegebenen Durchflußformeln für Flüssigkeiten, Gase, Dämpfe oder Sattdampf, die k_v-Werte für zusammengehörige Wertepaare von Durchfluß und Druck, so kann das den gestellten Bedingungen am besten entsprechende Regelventil anhand von Nomogrammen der Hersteller ausgewählt werden. Wenn die Regelstrecke keinen konstanten Übertragungsfaktor innerhalb des benötigten Arbeitsbereichs hat, so kann diese Nichtlinearität mit der Ventilkennlinie kompensiert werden, indem sie so bemessen wird, daß das Produkt der differentiellen Übertragungsfaktoren von Stellglied und Strecke konstant bleibt. Sofern ein Kurbeltrieb zwischen Stellantrieb und Ventil vorhanden ist, bietet sich die Möglichkeit, nachträglich noch gewisse Korrekturen anzubringen, ohne den Ventilkegel zu ändern. Auch mittels der Rückführung des Stellantriebs lassen sich am Ventil noch verbliebene Nichtlinearitäten kompensieren, wenn in den Rückführzweig beispielsweise eine Kurvenscheibe eingefügt wird. Wird anstelle der Stellungsrückführung eine Rückführung der Durchflußmenge vorgesehen, so wird die im Ventil verbliebene Nichtlinearität in ihrer Auswirkung auf den Übertragungsfaktor der Stelleinrichtung völlig beseitigt, weil damit ein Folgeregelkreis gebildet wird, der die Proportionalität zwischen Reglersignal und Durchflußmenge sicherstellt. Die Grenzen dieser Methode sind durch die Ansprechempfindlichkeit der Stelleinrichtung und durch die dynamische Stabilität des Folgeregelkreises bestimmt.
Neben den Problemen der Ventilkennlinie sind natürlich auch die mechanischen Fragen des Stellantriebs zu untersuchen.

Dazu gehören:

Feststellung der notwendigen Verstellkraft unter Berücksichtigung eines Sicherheitsfaktors,
Auswahl der in Frage kommenden Ventilbauform, wie Ein- oder Doppelsitzventil sowie Eck- oder Durchgangsventil,
Festlegung des Verhaltens der Stelleinrichtung bei Ausfall der Hilfsenergie — Aufrechterhaltung der jeweiligen Stellung oder Einlauf in eine definierte Endlage (Verhalten des Antriebs in Endlage),
Überprüfung der Stellzeit in Zusammenhang mit dem Regler, der Strecke, den Störgrößen sowie der angestrebten dynamischen Regelgenauigkeit.

4.   Der Projektinhalt

Die Vorbereitung und Ausarbeitung eines Projekts gliedert sich chrono-
logisch in die durch Verordnungen festgelegten drei Bearbeitungsstufen[1]):

a) technisch-ökonomische Zielstellung,

b) Aufgabenstellung,

c) Projekt.

Die Grenzen zwischen diesen Projektteilen sind je nach der Aufgabe, der
Technologie und dem Wert des Vorhabens von Fall zu Fall etwas verschie-
hen. Unabhängig davon sind jedoch dem Inhalt nach immer die gleichen
Unterlagen, jedoch mit unterschiedlichem Umfang zu erarbeiten. Wesentliche Einsparungen an Projektierungsarbeiten sind möglich, wenn für
gleiche oder ähnliche Anwendungsfälle auf bereits ausgeführte Projekte
zurückgegriffen werden kann. Die Projektierung kann sich in diesen Fällen
auf eine Überarbeitung des Typenprojekts beschränken und sich darauf
konzentrieren, daß neue Erkenntnisse und mit bestehenden Anlagen ge-
sammelte Erfahrungen eingearbeitet werden.

4.1.   Die technisch-ökonomische Zielstellung (TÖZ)

Ausgangspunkt jedes Projektierungsvorhabens im Sinn der Verordnung
vom 15. 10. 64 ist eine vom Planträger bereitzustellende TÖZ. Diese Zielstellung legt die volkswirtschaftliche Bedeutung und den Nutzen des
Vorhabens fest, zeigt die Vorstellungen über den technisch organisato-
rischen Umfang und seine Realisierungsmöglichkeiten im Rahmen des
technisch-wissenschaftlichen Fortschritts. Auch auf die Fragen der Automatisierung bezogen sind danach ökonomische Betrachtungen und Renta-
bilitätsnachweise zu führen, um den geforderten Automatisierungsgrad
mit seinen Konsequenzen für die Technologie, die Gebäude, die Aus-
rüstung und die Arbeitskräfte beurteilen zu können.
Des weiteren sind notwendige Forschungs- und Entwicklungsarbeiten, die
für das gesteckte Ziel erforderlich werden, auszuweisen. An der Ausarbeitung der TÖZ ist der Projektierungsbetrieb im allgemeinen nicht beteiligt,
weil darin gerade die Vorstellungen und Zielsetzungen des Planträgers der
Industriezweigleitung und der angeschlossenen Institute sowie Betriebe
zum Ausdruck kommen soll.

4.2.   Die Aufgabenstellung

Die Aufgabenstellung für das Projekt soll die konkretisierte technisch-
optimale Vorgabe für das Vorhaben sein, um als Arbeits- und Vertrags-
grundlage zu dienen. Bei genügender Klarheit und Vollständigkeit ist

---

[1]) 1. Verordnung über die Vorbereitung einer Durchführung von Investitionen (GBl. Teil II,
Nr. 95 vom 15. 10. 64, S. 785—804);
2. Verordnung über das Projektierungswesen (GBl. Teil II, Nr. 115 vom 20. 11. 64, S. 911—916);
3. Verordnung über die Planung, Errichtung und Nutzung von Versuchsanlagen und Experi-
mentalbauten (GBl. Teil II, Nr. 101 vom 17. 9. 64, S. 837).

unter Umständen auch die TÖZ als Aufgabenstellung verwendbar, besonders dann, wenn es sich um kleinere Vorhaben handelt. In den meisten Fällen wird heute auch die Aufgabenstellung nicht mehr vom Projektierungsbetrieb, sondern vom Auftraggeber durch seine Automatisierungsgruppen in Abstimmung mit dem zukünftigen Projektierungsbetrieb erarbeitet.

Auf der Grundlage eines stark vereinfachten technologischen Schemas erfolgt einerseits die Beschreibung des Produktionsprozesses und andererseits die Beschreibung des Umfangs und der Hauptfunktionen des BMSR-Anteils. Dazu gehören Ausführungen über den Schwierigkeitsgrad des Prozesses, seine Gefahrenquellen, die notwendigen Sicherheitsmaßnahmen und das Signal- und Alarmsystem. In Zusammenhang mit dem Arbeitskräftebedarf und dem Stand der Technik ist der vorzusehende Automatisierungsgrad der Anlage zu begründen. Ein weiterer Aufgabenkomplex behandelt Fragen der räumlichen Unterbringung der BMSR-Geräte, der Bedienungsstände und der Warte. Auch über die gerätetechnische Konzeption müssen in diesem Projektstadium Vorstellungen entwickelt werden, weil sonst die finanzielle Seite des gesamten Vorhabens nicht abzuschätzen ist. Da die Geräte im einzelnen noch nicht festgelegt werden können, wird mit Durchschnittspreisen gearbeitet, die auf bisherigen Erfahrungen aufgebaut sind und als Mittelwerte für jeden Regelkreis, jede Meßstelle und jeden laufenden Meter Pult- und Anzeigetafel verwendet werden. Für die Projektierungskosten, die Montagekosten, für Reservematerial, Inbetriebsetzung und Nacharbeiten werden ebenfalls Kennziffern verwendet, um schließlich zu den voraussichtlichen Gesamtkosten zu gelangen. Durch den BMSR-Anteil notwendig werdende Anforderungen an den bautechnischen, starkstromtechnischen oder maschinentechnischen Teil des Gesamtvorhabens sollten ebenfalls in die Aufgabenstellung eingearbeitet werden. Zur Fundamentierung werden im Anhang wichtige Protokolle, Gutachten, Literaturhinweise und Erfahrungsberichte von Studienreisen und die Bestätigung der Aufgabenstellung zusammengefaßt.

Im Interesse einer möglichst klaren Abgrenzung der Verantwortlichkeit und des Projektumfangs werden in der Aufgabenstellung auch die grundlegenden Leistungen des Bedarfsträgers fixiert. Diese betreffen z. B. die Bereitstellung von Meßstutzen, den Einbau von Armaturen, die Energie- und Wasserversorgung, die Gestaltung der Räume, die Baustelleneinrichtung, die zu liefernden zeichnerischen Unterlagen sowie die Mitwirkung bei der Inbetriebnahme.

4.3.   Das Projekt

Die Basis des Projekts ist die mit dem künftigen Betreiber abgestimmte technischeAufgabenstellung. Dazu gehören Lage- und Raumaufteilungspläne, das Fließschema mit Angabe der Medien, Angabe der Nennweiten, Mengen, Temperaturen, Drücke und sonstiger für die BMSR-Projektierung wichtiger Informationen über die Technologie der Anlage.
Das Fließschema wird zu einem Verfahrensschema umgearbeitet, das so gestaltet ist, daß in übersichtlicher Anordnung die notwendigen Meßstellen, Regelkreise und Steuerstellen symbolisch eingetragen werden können.

80

Eine übersichtliche Positionierung ist anzubringen, um in der später auf-
zustellenden Gerätestückliste die Zuordnung noch eindeutig zu erkennen.
Die Gerätesymbolik (nach TGL 14091) braucht im Verfahrensschema noch
keine speziellen Einzelheiten zum Ausdruck zu bringen, sondern soll nur
die Wirkungszusammenhänge erkennen lassen und einen Überblick der
vorgesehenen Instrumentierung geben. Dagegen sollen die Regelkreis- und
Steuerschaltungsübersichten möglichst viele prinzipielle Einzelheiten erkennen lassen. Die nicht in Regelungs- oder Steuerungsaufgaben direkt
einbezogenen Meßgrößen werden dabei zweckmäßigerweise zusammen mit
den Anlageteilen dargestellt, denen sie funktionell oder räumlich zuge-
ordnet werden können.

Die Kennzeichen und Symbole nach TGL 14091 sind so gestaltet, daß
praktisch alle für die Projektierung wichtigen Aussagen möglich sind. Dazu
gehören im besonderen Kennzeichnungen für die Meßfühler, die Meßverfahren, die Meßwertumformer, die Reglertypen, die Anzeige- und Regi-
striergeräte, die Leitgeräte sowie die speziellen Eigenschaften der Stelleinrichtungen. Außerdem sind Symbole für die benötigte Hilfsenergie, die
Art der Übertragungssignale mit Spezifizierung des analogen oder digitalen
Meßwerts sowie die Meßwertverarbeitung selbst vorgesehen, so daß in einer
derartigen symbolischen Darstellung alle für das Verständnis wichtigen
Informationen unterzubringen sind.

Den Beschreibungen der Regelkreisübersichten sollten unbedingt die der
Reglerauswahl und Optimierung zugrunde gelegten Übergangsfunktionen,
Berechnungen und Einstellparameter beigegeben werden, um die Inbetriebnahme zu erleichtern und bei späteren Änderungen und Auswechs-
lungen von Geräten eine Unterlage zur Verfügung zu haben.

Die Darstellung der Meßwerte, die Anordnung der Steuerschalter und
Leitgeräte, die Zuordnung der Betriebs- und Alarmsignale in einem sinn-
vollen übersichtlichen Fließbild oder auf dem Steuerpult setzt ein gutes
Einfühlungsvermögen in den späteren Betriebsablauf voraus. Die Warte
muß bezüglich Zweckmäßigkeit, Erweiterungsfähigkeit, Beleuchtung,
Klimatisierung und sonstiger Ausgestaltung in erster Linie den praktisch-
technischen Anforderungen genügen. Nur wenn die architektonische Gestaltung mit diesen Notwendigkeiten in Einklang steht, kann von einer
harmonischen Lösung gesprochen werden.

In den Geräte- und Ausrüstungslisten werden, geordnet nach Positions-
nummern, die Geräte so weit in ihren Eigenschaften gekennzeichnet, daß
danach eine eindeutige Bestellung möglich ist. Zu den technischen Bestell-
daten gehören neben der Typennummer von Fall zu Fall Festlegungen über
den Meßbereich, die Genauigkeitsklasse, das Funktionsprinzip, die Lei-
stungsfähigkeit, die Schutzart und das notwendige Zubehör sowie Ersatz-
teile. Für die Kostenzusammenstellung werden bei jeder Position die zur
Zeit verbindlichen Preise ausgewiesen.

Neben dem Verfahrensschema und den Einzelübersichten von in sich
abgeschlossenen Funktionsgruppen sind als wichtige Projektteile außerdem Beschaltungspläne (Stromlaufpläne) notwendig. Diese Zeichnungen
stellen unabhängig von der räumlichen Anordnung die Verbindungs-
leitungen und die Klemmenbelegungen aller Einzelgeräte sowie Verteiler
dar, die zur Verwirklichung der vorgesehenen Funktion notwendig sind.

Diese Beschaltungspläne sind für die Montage, Inbetriebsetzung, Fehlersuche und Wartung eine unentbehrliche Unterlage.

Soweit in der Aufgabenstellung noch keine eindeutigen Abgrenzungen zu den Projektanten des starkstrom- und fernmeldetechnischen Teiles vorgenommen wurden, sind die Übergabeklemmen zu vereinbaren, um die gegenseitige Signalbereitstellung, soweit notwendig, zu gewährleisten. Die Energieversorgung der BMSR-Anlagen mit Druckluft, Wechsel- und Gleichstrom ist leistungsmäßig festzulegen, und die Notversorgung im Störungsfall, Umschaltung auf einen anderen Netzteil oder ein Notstromdieselaggregat bzw. einen Druckluftspeicher ist auszuweisen.

Als Anlagen zum Projekt gehören außerdem Gutachten über Sicherheits-, Arbeits- und Brandschutzfragen, Festlegungen über die Mitwirkung der Projektanten bei der Inbetriebsetzung, Terminfestlegungen sowie Umfang und Inhalt von Garantieleistungen und die Begutachtung und Bestätigung des Projekts.

Zum Abschluß werden nachstehend die zu einem Projekt gehörenden wesentlichen Kapitel und der Umfang der verschiedenen Zeichnungen in einer Übersicht zusammengestellt.

Projektkapitel

1. Erläuterung des gewählten Lösungswegs
2. Technische Beschreibung
3. Erläuterung der Ausrüstungsliste
4. Genehmigungen und Gutachten
5. Liefergrafik
6. Montagehinweise
7. Schaltungs-, Kabel- und Trassenübersichten
8. Rechenprogramme für Meßwertverarbeitungsanlagen
9. Arbeitskräftebedarf für Betrieb und Instandhaltung
10. Leistungen des Bedarfsträgers
11. Zeichnungsverzeichnis
12. Kostenplan und Prüfattest

Zeichnungsbezeichnungen im Projekt

1. Technologisches Schema (Montageschema)
2. Baugliedplan (nach TGL 14 091)
3. Stromlaufplan (Verbindung der Geräteklemmen untereinander und mit den Verteilern)
4. Wirkschaltplan (Zusammenschaltungszeichnung in sinnfälliger Form ohne Berücksichtigung von Aufstellungsort, Kabelart und Zwischenklemmen)
5. Installationsplan
6. Übersichtsschaltplan (schematische Darstellung der Baugruppenzusammenschaltung)
7. Ansichtszeichnung (für Pulte, Schränke und Gestelle)
8. Aufstellungsplan (Belegung von Schränken und Gestellen mit Geräten und Einschüben)

9. Hilfsenergieleitungsplan
10. Kabelplan (Kennzeichnung von Art, Querschnitt, Nummer und End-
    punkten)
11. Trassenplan
12. Verteilerbelegungsplan
13. Signalflußplan (Zeitabläufe und Verriegelungen von Steuerschal-
    tungen)

5. Tendenzen der Weiterentwicklung

Zur Verringerung des Projektierungsaufwands sollten ausgeführte und
erprobte Projekte zum Standard erklärt werden, wenn viele gleichartige
Anlagen errichtet werden müssen und die technische Entwicklung in
diesem Produktionszweig einen gewissen Abschluß gefunden hat.
Die Gerätetechnik wird sich nach Schließung der Sortimentslücken mit
der Verbilligung, Erhöhung der Betriebssicherheit und der Lebensdauer der
BMSR-Geräte befassen müssen. Eine konsequente Vereinheitlichung der
elektrischen Übertragungssignale erfolgte im Rahmen des URS-Systems[1]),
um die Kombinierbarkeit der Geräte auf einfache Weise zu gewährleisten.
Durch Schaffung von Bausteinen für häufig wiederkehrende Funktionen
läßt sich die Geräteentwicklung und die Geräteproduktion rationeller
gestalten.
Für die Projektierung eröffnet ein ausgereiftes Bausteinsortiment die
Möglichkeit, spezielle Schaltungen aus Bausteinen zu entwerfen oder für
Großanlagen die gesamte Signalverarbeitungseinrichtung in Einschub-
bauweise in einem Gestell oder Schrank zusammenzufassen.
Für kleine und mittlere Anlagen bis zu zehn Regelkreisen werden nach dem
heutigen Stand besser Einzelgeräte verwendet. Dafür sind kompakte
stetige und unstetige Regler als Schalttafelgeräte mit angebautem Leit-
gerät zweckmäßig.
Die zur Zeit noch vorhandene Trennung zwischen analoger und digitaler
Technik wird in Zukunft immer mehr verschwinden. Neue Möglichkeiten
bieten sich bei einer Kombination beider Zweige für die Automatisierungstechnik. Zur Prozeßoptimierung werden digitale Rechner die Führungsgrößen der Regelkreise bestimmen, Reserveaggregate in Betrieb setzen,
bei Gefahren die programmierten Gegenmaßnahmen einleiten, Wirkungs-
grade ausrechnen und für die Überwachung und Statistik benötigte Werte
ausschreiben oder speichern.
Derartige Aufgaben sind selbst mit hochqualifizierten Kräften nur noch
in Projektierungsgruppen zu lösen, die aus Regelungstechnikern, Digital-
technikern, Mathematikern und Prozeßtechnologen zu besetzen wären.
Als technische Hilfsmittel müssen für diese Aufgaben den Projektierungsgruppen im Hinblick auf eine Rationalisierung der Projektierungsarbeiten
Analog- und Digitalrechner zur Verfügung stehen.

[1]) URS-System: Universelles Regelungs- und Steuerungssystem der RWG-Länder.

Literaturverzeichnis

[1] *Altenhein, H. J.:* Ausgleichswert und Zeitkonstante einer Gasdruckregel-strecke. Regelungstechnik *10* (1962) 11, S. 496.

[2] *Bopp, K.:* Die Ermittlung der dynamischen Kennwerte eines Regelkreises aus Übergangsfunktion und Frequenzgang. Regelungstechnik *5* (1957) 9, S. 298—302.

[3] *Bogenstätter, G.,* und *Hengst, K.:* Regelung von Destillationskolonnen. Chemie-Ing.-Technik *31* (1959) 7, S. 425—431.

[4] *Hengst, K.:* Vergleichende Betrachtungen zwischen Elektronik und Pneumatik bei der Regelung im einfachen Regelkreis. Regelungstechnik *10* (1962) 9, S. 386.

[5] *Gehm, K. G., Nabert, K.,* und *Schön, G.:* Probleme des Explosionsschutzes. Chemie-Ing.-Technik *34* (1962) 10, S. 674—681.

[6] *Ferner, V.:* Die grafische Ermittlung des Übergangsverhaltens von Regelstrecken. Feingerätetechnik *4* (1955) 5, S. 195—200.

[7] Dampferzeuger Regelungen. BWK *12* (1960) 10, S. 431—442.

[8] *Eifert, G.:* Über die Auswahl von Regelgeräten anhand der Übergangsfunktion. Zmsr *2* (1959) 4, S. 173—180.

[9] *Hupe, H.:* Über die Regelung kontinuierlich arbeitender Destillationskolonnen. Dechema-Monographien *37* (1960) S. 79—169.

[10] *Müller, R.:* Regelstrecken im Kraftwerk. Energietechnik *12* (1962) 4, S. 147 bis 150.

[11] *Profos, P.:* Die Regelung von Dampfanlagen. Berlin/Heidelberg/Göttingen: Springer-Verlag 1962.

[12] *Reinisch, K.:* Verwendung eines Modellregelkreises zur Gewinnung einfacher Bemessungsregeln für lineare Regelkreise und zur Ermittlung der Kennwerte von Regelstrecken. Zmsr *5* (1962) 6, S. 245—251.

[13] *Reinisch, K.:* Untersuchung günstiger Einstellregeln mit dem Modellregelkreis MD 1. Zmsr *4* (1961) 12, S. 495—500.

[14] *Schwarze, G.:* Bestimmung der regelungstechnischen Kennwerte von P-Gliedern aus der Übergangsfunktion ohne Wendetangentenkonstruktion. Zmsr *5* (1962) 10, S. 447—449.

[15] *Stepan, J.:* Der Einfluß von Konstruktionsparametern auf die dynamischen Eigenschaften von Überhitzern. BWK *14* (1962) 12, S. 580—584.

[16] *Strejc, V.:* Approximation aperiodischer Übergangscharakteristiken. Zmsr *3* (1960) 3, S. 115—124.

[17] *Strejc, V.:* Auswertung der dynamischen Eigenschaften von Regelstrecken bei gemessenen Eingangs- und Ausgangssignalen allgemeiner Art. Zmsr *3* (1960) 1, S. 7—11.

[18] *Takahashi, Y.:* Regelung von Gleich- und Gegenstrom-Wärmeaustauschern. Regelungstechnik *1* (1953) 1, S. 32.

[19] TGL 14 091 „Kennzeichen und Symbole der Regelungs- und Steuerungstechnik".

[20] *Weller, W.:* Die Verfahren zur Bestimmung der regelungstechnischen Kenn werte aus der gemessenen Übergangsfunktion. Zmsr *5* (1962) 8, S. 355—363.

[21] *Ziegler, H.:* Stromwaage und Thermowaage in Reglern für Sonderaufgaben. Conti-Elektro-Berichte *6* (1960) 4, S. 226—231.

[22] TGL 14 591 „Bezeichnungen und Benennungen der Regelungs- und Steuerungstechnik".

[23] *Müller, R.:* Darstellung des Arbeitsbereiches von Stellventilen. msr *6* (1963) 10, S. 420—426.

[24] *Murphy:* Verfahrensregelungen mit Digitalrechnern. Automation, Cleveland *12* (1965) 1, S. 71—76.

[25] *Gehm, Nabert* und *Schön:* Probleme des Ex-Schutzes. Chem. Ing. Techn. *34* (1962) 10, S. 674.

[20] *Lüder:* Vorfahrensprobleme bei der Automatisierung von Chemieanlagen. Chem. Ing. Techn. *34* (1962) 3, S. 133.

[27]. *Fuchs, H.,* und *Schöpflin, H.:* Internationaler Stand der industriellen Meßwertverarbeitung. Techn.-Inf., GRW Teltow (1965) 3, S. 10—15.

[28] *Fuchs, H.,* und *Schöpflin, H.:* Wirkungsweise von Prozeßrechneranlagen. Techn. Inf. GRW Teltow (1965) 4, S. 21—26.

[29] *Schäfer, G.:* Die Auswahl von Stellventilen. Regelungstechnik *11* (1963) 2, S. 56—62.

[30] *Böttcher, W.:* Grafische Bestimmung der Betriebskennlinien von Stellventilen. Regelungstechnik *11* (1963) 2, S. 62—70.

[31] *Hofmann, D.:* Meßdynamik elektrischer Industriethermometer. Teil I und II. msr *8* (1965) 12, S. 407—410, *9* (1966) 1, S. 17—20.

[32] *Clarke, S. L. H.:* Eine Einführung in die direkte digitale Regelung. Control, London *9* (März 1965) 81, S. 127—129.

[33] *Müller, R.:* Öffnungs- und Betriebskennlinie von Stellventilen. msr *8* (1965) 4, S. 135—140.

[34] *Senf, B.,* und *Otte, G.:* Zur Störgrößenaufschaltung und Invarianz. msr *8* (1965) 3, S. 104—106.

[35] *Giloi, W.:* Hybride Rechenanlagen — ein neues Konzept. Elektron. Rechenanlagen *5* (1963) 6, S. 262—269.

Verzeichnis über wichtige Arbeitsunterlagen

Sachwörterverzeichnis

Zur schnellen Information empfehlen wir

die KLEINEN LEXIKA unserer
REIHE AUTOMATISIERUNGSTECHNIK

Lieferbar

Bär/Fuchs:

KLEINES LEXIKON
der Steuerungs- und Regelungstechnik

Paulin:

KLEINES LEXIKON
der Rechentechnik und Datenverarbeitung

Im IV. Quartal 1967 erscheint

Jeschke:

KLEINES LEXIKON
der Betriebsmeßtechnik